AF894229

Yasmine Hayek Kobeissi

Marchés Fractals :

Stratégies d'investissements

Connaissances et Savoirs

© Éditions Connaissances et Savoirs, 2009
ISBN 978-2-7539-0169-8

Le Code de la propriété intellectuelle interdit les copies ou reproductions destinées à une utilisation collective. Toute représentation ou reproduction intégrale ou partielle faite par quelque procédé que ce soit, sans le consentement de l'auteur ou de ses ayants cause, est illicite et constitue une contrefaçon sanctionnée par les articles L 335-2 et suivants du Code de la propriété intellectuelle.

Je ne pourrai jamais assez remercier
ma mère et mes sœurs pour leur foi en moi.

Je dois beaucoup à Nabil, mon mari, pour ses distinctes
analyses macroéconomiques : merci infiniment.

Je remercie aussi Catherine et Marc Loneux pour leur contribution inestimable quant à la correction stylistique, et mon directeur de thèse, Jean M. Dalbarade, pour m'avoir encouragée tout au long de mes recherches.

À papa – ton amour et estime restent éternels.
À mes enfants, Rayyan et Sarah – je vous aime tous les jours.

« Le sens commun n'est pas si commun. »

Voltaire

Le livre est basé sur la thèse présentée à l'université Paris IX Dauphine en 2001 et est actualisé avec les exemples des événements de la dernière crise de 2008.

Sommaire

Introduction

Nouvelles technologies de l'information, nouvelles économies, nouveaux marchés… la gestion de portefeuille voit son environnement évoluer et changer de nature. Dégager une « surperformance » par rapport à celle du marché devient une tâche de plus en plus difficile.

La performance d'un portefeuille (le fameux alpha) est en fait une fonction inhérente à la capacité d'anticipation et de prévision de l'évolution des cours des marchés financiers.

De la qualité de la prévision dépend celle de la gestion du portefeuille. Le préalable est évidemment de comprendre le fonctionnement des marchés.

Dans ce domaine, plusieurs hypothèses existent. Entre la recherche du déterminisme et celle de l'imprévisibilité, entre le formalisme mathématique et l'empirisme, la littérature suscitée par les marchés financiers est riche et diverse. Mais il n'existe aucun consensus réel sur la description du fonctionnement de ces marchés.

De plus, aucun des modèles développés jusqu'alors n'est entièrement satisfaisant ou, plus exactement, chacun d'eux ne révèle qu'une partie de vérité.

Ces modèles ne sont en fait que des simplifications d'une réalité bien plus complexe.

Au regard du problème de la compréhension du fonctionnement des marchés financiers, celui de la prévision de l'évolution des cours devient des plus difficiles.

Prévoir suppose des outils mathématiques, des techniques, des données particulières qui permettent d'anticiper la tendance des cours boursiers.

Mais, les outils de prévision économiques et financiers ne suffisent pas à anticiper les marchés, puisqu'une bonne part de l'évaluation est déterminée par des paramètres instables, tels les espoirs et les craintes, les catastrophes naturelles, les inventions…

En effet, comme tout système naturel, le système financier n'est pas stable ; il évolue suivant une dynamique non linéaire, caractérisée par sa persistance et ses sauts déstabilisants qui apparaissent essentiellement en relation avec des mécanismes auto-renforcés, dont notamment les effets « mémoire ».

Une voie de recherche existe cependant, si l'on considère que les cycles des marchés changent et se succèdent, mais restent néanmoins similaires dans leur mode de fonctionnement général.

La prévision ne serait-elle pas alors plus précise si on analysait l'évolution des marchés d'une manière moins restrictive ?

En d'autres termes, une vision globale ne serait-elle pas plus appropriée pour identifier ce qu'une vision détaillée n'a toujours pas pu identifier ?

C'est ainsi que nous pourrons aborder l'analyse et la gestion des marchés d'une façon effective qui dépendra de nos capacités, d'une part à classifier les marchés d'après les caractéristiques générales des cycles financiers, économiques et psychologiques, et, d'autre part, à anticiper leurs évolutions d'après les spécificités de ces mêmes cycles.

Un premier effort est fait, dans ce livre, pour introduire et développer un nouveau paradigme, celui des marchés chaotiques. Ce paradigme considère les approches traditionnelles comme des cas particuliers d'une dynamique plus globale engendrée par le comportement des différentes catégories d'intervenants les mettant en œuvre.

Le but est de réexaminer les méthodes usuelles d'analyse et de gestion financière, en y apportant les ajustements appropriés, l'importance de ces corrections pouvant conduire à de nouvelles interprétations.

L'aspect pratique de ces méthodes n'est pas négligé puisqu'on a, dans la mesure du possible, essayé de les valider par des exemples historiques et récents.

En ce sens, le livre se développe en trois parties.

Dans la première partie, sont exposées les principales hypothèses traditionnellement faites et relatives à la description des marchés financiers. Successivement, seront présentées et discutées les hypothèses : de *l'efficience des marchés, des marchés cohérents*, de *la fractalité et de la dynamique chaotique des marchés.* Un nouveau concept qui tient compte des théories précitées est introduit afin de décrire et de tenter d'expliquer l'évolution des marchés financiers. Ce concept, nous l'avons appelé **« *Noisy Chaos* ».**

Le chaos économique et financier se traduit par l'imprévisibilité, la nature fractale des marchés, et la subjectivité des interprétations.

En matière de subjectivité, les investisseurs peuvent se comporter de manières très diverses qu'il est néanmoins possible de regrouper en quelques grandes familles dont la présentation fera l'objet de la partie 2. **Cette deuxième partie repose sur l'analyse des principaux concepts**

perceptifs. Cette analyse permet de comprendre *le processus mental* des intervenants financiers.

Les erreurs de perception peuvent se produire à n'importe quelle étape du processus mental, et l'on observe dans un exemple d'application pratique et récent la mise en évidence de la réalité chaotique du système financier.

Après l'analyse du processus financier d'un point de vue cyclique global, **l'étude, dans une troisième partie, se focalise sur les techniques et les outils qui permettent d'analyser et d'opérer sur les marchés financiers sur la base de leurs caractéristiques fractales et du processus chaotique qui les génère.**

Les principaux outils[1] sont d'abord présentés de façon à mettre en évidence les intérêts, les imperfections et les limites de chacun d'eux, afin d'essayer de les réajuster (et/ou du moins savoir qu'ils ont des limites et en rendre compte dans la gestion du risque). La *recherche cyclique* est l'outil qui permet d'examiner les forces naturelles (macroéconomiques), qui alternativement stimulent et dépriment les investisseurs. Quant à la *recherche fondamentale technique* (microéconomique), elle résout le dilemme du « timing » dans le choix du marché ou du secteur. Un choix qui doit aussi répondre aux objectifs de placements et au degré d'acceptation du risque. Par la suite, sont étudiées les diverses méthodes qui permettent de définir des *stratégies de gestion* et des *techniques de mesure et de suivi des risques de portefeuille*.

Il ne s'agit pas ici de développer des outils de prévisions entièrement nouveaux et infaillibles mais plutôt d'apporter

---

[1] Les outils sont choisis selon notre propre jugement et ceux du marché, soit ceux qui ont prouvé être les plus efficaces et ceux utilisés le plus dans le monde de la finance.

des ajustements à ceux qui existent, dans un effort de couvrir, même en partie, les lacunes jusqu'alors observées.

Ces outils permettent ainsi de se rapprocher de la réalité, de la valeur réelle du marché, et d'éviter ainsi l'erreur du formalisme mathématique et de l'opportunisme pur. Le but est d'être conscient des irrégularités de l'environnement pour pouvoir anticiper son évolution, afin de développer des *stratégies de gestion* des investissements dans un environnement chaotique suivant les profils de gestion choisis. L'objectif est de dégager de façon régulière une « surperformance » (alpha) par rapport à celle du marché.

Partie I
La dynamique chaotique du système financier

Cette première partie présente les principales méthodes d'analyses des marchés financiers. La présentation commence par les hypothèses les plus classiques de l'efficience des marchés, pour aboutir aux paradigmes construits sur des hypothèses de non-linéarité et de dynamiques instables.

Chapitre 1
L'hypothèse de l'efficience et les anomalies caractéristiques des marchés financiers

La théorie financière classique suppose que les marchés financiers sont efficients. Il peut être nécessaire tout d'abord de rappeler brièvement la définition de l'efficience, puis d'expliquer comment dans la réalité un grand nombre des conditions de la théorie d'efficience des marchés ne sont pas satisfaites, sinon rarement réalisées.

1.1. L'hypothèse de l'efficience des marchés financiers

On peut définir un marché efficient comme celui où la concurrence entre un grand nombre d'investisseurs rationnels conduit à un équilibre où les prix transigés reflètent le contenu informationnel des événements passés ou attendus. En d'autres termes, la valeur boursière doit être, en principe, égale à sa valeur fondamentale, et tout écart reflétant une incertitude, à un moment donné, sera en fait réajusté grâce aux agents financiers. Ainsi définis, les principes des marchés financiers sont identiques à ceux d'un jeu de roulette, dans le sens où ils n'ont pas de mémoire, où que cette mémoire est trop courte pour être prise en considération.

En résumé, cette approche affirme le caractère imprévisible des marchés financiers. Les rendements sont indépendants et suivent un mouvement brownien : les prix des actifs financiers suivent une marche au hasard. Ce hasard obéit à une loi de probabilité souvent assimilée à la Loi normale de Laplace Gauss.

Pour être vérifiée, la théorie de l'efficience nécessite la validation d'un certain nombre de conditions : la rationalité et l'homogénéité des investisseurs, la libre circulation de l'information et sa fiabilité, la liquidité des marchés et l'absence des coûts de transaction… Mais, en réalité, le traitement de l'information est assez différencié, les coûts de transaction ne sont pas négligeables, et bien souvent des problèmes de liquidité sont constatés.

Malheureusement, les efforts d'un grand nombre de scientifiques et de praticiens pour prouver l'inefficience des marchés financiers ont été vains jusqu'ici. Car, comme l'écrit Gérard Sauvage[2], nous nous trouvons devant une masse importante d'études cherchant à vérifier cette hypothèse par rapport au recensement de quelques anomalies.

1.2. Les caractéristiques des marchés financiers

Dans ce qui suit, on ne prétend pas pouvoir infirmer la théorie de l'efficience. Mais on essaiera de démontrer que les « anomalies » relevées dans la réalité ne peuvent être négligées et qu'en fait, elles constituent la nature profonde des marchés financiers.

---

[2] Sauvage G., *Les marchés financiers ; entre hasard et raison : le facteur humain*, Seuil, 1999, p. 250.

1.2.1. La rationalité non assurée

a. L'hétérogénéité des investisseurs et l'assimilation différenciée de l'information

Le principal déterminant de la valeur d'un titre est l'espérance de ses profits futurs. La disponibilité de l'information qui affecte ces attentes est certes un facteur important dans la détermination du prix d'un titre. Mais la disponibilité de l'information en temps opportun en elle-même ne suffit que si la majorité des investisseurs est assez habile et compétente pour interpréter cette information et réduire l'écart entre la valeur marchande d'un titre et sa valeur fondamentale. Cependant, dans la pratique, les informations ne sont pas assimilées instantanément et de la même façon par tous les intervenants[3]; l'existence de périodes d'euphorie et de périodes baissières exagérées constitue à elle seule une preuve de cette affirmation.

De plus, la bonne interprétation de l'information se trouve actuellement de plus en plus contestée, et ce, surtout avec la présence grandissante d'un nouveau type d'investisseurs particuliers accédant aux marchés financiers à travers les systèmes de « e-trading[4] ».

---

[3] À cet égard, Edgar E. Peters dans *Chaos & Order in the Capital Market,* John Wiley & Sons, 1996, avance l'idée suivante : à un moment donné, les prix peuvent ne pas refléter toute l'information disponible mais seulement l'information importante par rapport à l'horizon d'investissement. On développera cette hypothèse dans le chapitre 2.

[4] Ces systèmes permettent d'effectuer des transactions boursières via Internet, à partir d'un compte ouvert auprès d'une société de courtage.

b. Le mimétisme

La rationalité des investisseurs, qu'ils soient particuliers ou professionnels, n'est pas assurée quand on constate que le mimétisme est une des caractéristiques des marchés. En fait :

- Les particuliers sont souvent incapables d'analyser certaines informations, ils s'en remettent alors aux conseils des professionnels pour prendre leurs décisions.
- Les professionnels sont contraints, d'une part, d'obéir aux réglementations (« Benchmark tracking », « Alpha ») d'allocation des capitaux du fonds qu'ils gèrent et, d'autre part, de suivre le consensus du marché pour éviter d'être marginalisés.

c. Les effets de retards ou de « mémoire »

Bien souvent, les investisseurs réagissent aux informations après avoir confirmé la direction du marché. Les cours boursiers ne reflètent donc pas à tout instant l'ensemble des informations reçues : certaines informations sont en fait ignorées et les réactions surviennent plus tard.

Autrement dit, ces informations ne sont intégrées dans les cours que plus tard, soit après confirmation de leur validité ou de leur importance. Par conséquent, et contrairement à ce que la théorie de l'efficience des marchés suppose, la fonction « mémoire » existe dans les marchés. Le présent est influencé par le passé, tout comme le futur sera influencé par le présent.

d. Les « over-reactions »

L'« effet Noé » d'après B. Mandelbrot[5] traduit bien ce phénomène en finance. Il est défini comme une réaction immédiate à un choc quand, pour une certaine action, on n'obtient pas une réaction proportionnelle mais une « surréaction » ou une réaction exponentielle.

1.2.2. Les systèmes financiers non linéaires

Une information n'est jamais isolée « qu'elle tombe de façon aléatoire ou non, elle trouve place dans une chaîne d'information qui a donné lieu à une interprétation globale, qu'elle renforce ou qu'elle remet en cause[6] ». Par conséquent, le comportement de l'investisseur ne peut être traduit mathématiquement en une fonction linéaire.

Les approches quantitatives modernes de gestion et de mesure du risque considèrent la distribution des rendements comme étant des distributions de probabilité de la Loi normale. Cependant, ces distributions sous-estiment la probabilité des fluctuations extrêmes des prix qui reflètent la probabilité d'occurrence de situation de panique[7]. En fait, les informations arrivent de façon discontinue. Par conséquent, si la distribution des informations est Leptokurtotic, la distribution des rendements n'est pas normale mais elle sera plutôt Leptokurtotic.

---

[5] Mandelbrot B., *Fractales, Hasard et Finance*, Flammarion, 1997, chap. 2.5 ; idée approfondie dans le chapitre 2.

[6] Sauvage G., *Les marchés financiers ; entre hasard et raison : le facteur humain*, Seuil, 1999, p. 267.

[7] Dans de telles situations, même les avantages de la diversification sont obsolètes, puisque le désengagement financier qui se déclenche se généralise sur tous les produits financiers et sur tous les marchés.

1.2.3. Les cycles financiers

Le marché définit ses propres règles, auxquelles il obéit tant qu'une nouvelle information n'est pas venue l'infirmer ou, si l'information qui l'a créée ne s'est pas estompée. Par exemple, pendant les périodes d'expansion économique, on peut relever les constatations suivantes :

- les rebonds en décembre et janvier ;
- la période de « rally[8] » entre février et mai ;
- le « pull-back[9] » en juin ; c'est la prise de profit normale après la hausse et avant la période de déclaration des profits en juillet ;
  Pendant ces périodes, les gains peuvent être assez importants, mais le plus intéressant c'est que les rendements sont relativement supérieurs pour un même niveau de risque donné.
- en juillet, le marché enregistre de nouveaux records et ce, jusqu'à la deuxième semaine. Une fois les bonnes nouvelles intégrées dans les prix, les prises de profit apparaissent puisque le marché commence à se concentrer, d'une part sur les perspectives des mois à venir (les profits déclarés en octobre sont généralement au mieux médiocres puisqu'ils se réfèrent à la saison faible d'été) et, d'autre part, sur les problèmes macroéconomiques et internationaux.

Par ailleurs, l'évolution des séries financières rend compte d'une évolution qui ne décrit jamais une ligne uniforme, même si la direction du marché est clairement définie et soutenue. Ainsi, on observe que si le marché chute pendant deux

---

[8] Envolée des cours boursiers.
[9] Repli des cours boursiers.

ou quatre jours, il existe de fortes chances que le troisième jour soit positif ou que le cinquième et sixième jour soient positifs. Le ratio moyen étant de 2/1. Notons aussi que l'une des règles la plus importante des marchés est la suivante : plus le marché chute, plus il a des chances de rebondir. Ainsi, si le marché du Nasdaq 100 chute de 500 points en une semaine, la probabilité d'un rebond technique d'au moins 200 points devient très élevée. Ces faits seront étudiés en détail dans les chapitres suivants.

Deux éléments fondamentaux doivent être considérés, à savoir :

- **La liquidité des marchés**

  Les divers tests statistiques menés jusqu'alors n'ont pas permis de remettre en cause sérieusement la théorie de l'efficience des marchés. Cette théorie perd de sa crédibilité quand elle est évaluée du point de vue expérimental ou pratique.

  Le rôle principal des marchés financiers est d'assurer un système d'intermédiation efficace et liquide, vital et nécessaire à tout système économique. L'efficience d'un marché doit être traduite non pas par son homogénéité, c'est-à-dire par la rationalité des investisseurs, mais par sa liquidité. Une liquidité ne peut être assurée sans l'existence d'investisseurs hétérogènes[10].

- **Les cycles psychologiques**

[10] Citons ici, un extrait de l'ouvrage *L'individu face au marché*, publié en 2000, d'Hervé Alexandre, « les marchés sont constitués, animés, d'un ensemble important et divers d'individus dont les actions semblent confuses mais génèrent une évolution efficiente, quoique certaines fois accidentée des marchés financiers ».

La valeur attribuée à n'importe quelle action repose sur l'estimation de ses rendements futurs. Les évaluations sont sans aucun doute la résultante du processus économique lui-même. Elles reflètent aussi des vagues d'optimisme et de pessimisme déclenchés par de simples facteurs ou événements. Ces vagues sont le produit de forces psychologiques qui affectent la manière dont nous pensons et agissons.
L'hypothèse de l'efficience des marchés suppose l'existence d'un modèle économique celui de « l'investisseur rationnel ». Cet idéal trouve sa limite dans une composante essentielle, variable et imprévisible : le comportement humain.

L'être humain n'est pas en réalité une créature objective.

Il n'est pas un être économique qui agit de manière rationnelle[11].

La nature même de l'homme n'est jamais constante : elle oscille d'un extrême à l'autre, d'un cycle à l'autre.

---

[11] L'être humain devient économique pendant les phases de consolidations suite à une correction des marchés : ceci s'explique par le fait que la variété des agents financiers est réduite aux professionnels qui sont rappelés vers les bases réelles de la finance = l'économie.

Chapitre 2
L'hypothèse des marchés cohérents

Dans un modèle qu'il a proposé en 1994, Tonis Vaga[12] introduit un nouveau concept financier, celui des marchés cohérents.

L'idée de base de T. Vaga est que la formation des cours est la résultante des décisions prises par un grand nombre d'intervenants.

Selon son modèle, la distribution des rendements des marchés financiers change avec le temps et ce, en fonction de l'évolution de deux variables de contrôle, qui sont :

- les fondamentaux économiques ;

- les comportements des investisseurs.

Théorie sans doute intéressante mais répond-elle à tous les pièges que pose la pratique ?

2.1. Définition et caractéristiques

Le modèle de T. Vaga rend compte des interactions des différentes catégories d'intervenants et se base sur un article

[12] Vaga T., « The Coherent Market Hypothesis », *Financial Analysts Journal*, December/January 1991.

publié par Herman Haken[13] sur le laser comme exemple d'un système dynamique non linéaire (avec des phases de transition d'un système désordonné à un système ordonné) ; et sur les travaux de Callen et Shapiro[14] qui appliquèrent le modèle « Ising » du comportement cohérent des molécules au sein d'une barre de fer magnétisée pour expliquer la polarisation de l'opinion publique.

Les travaux sont résumés dans le tableau 1 de la page suivante.

---

[13] Physicien allemand spécialisé dans l'étude des lasers, *Review of Modern physics*, janvier 1975.
[14] Callen & Shapiro, « A theory of social imitation », *Physics Today*, octobre 1974.

Tableau 1
Résumé des travaux : Herman Haken (1979) – Callen & Shapiro (1974)

État de Expérience	**DÉSORDRE**	**TRANSITION**	**ORDRE**
Le laser (Herman Haken 1979)	Énergie externe insuffisante : La lumière est transmise normalement, c'est-à-dire de façon aléatoire.	Énergie externe augmentée : L'émission de la lumière est marquée par de larges fluctuations à caractère persistant.	Énergie externe suffisante pour que : La lumière émise de chaque atome se couple en phase avec les atomes voisins... La lumière est transmise à travers un seul faisceau.
Polarisation de la barre de fer (Callen & Shapiro 1974)	Température interne élevée et absence de champ magnétique externe : Les molécules de la barre de fer sont orientées dans tous les sens.	Température interne réduite : Les molécules se couplent pour former des sous-ensembles orientés positivement ou négativement, donnant naissance à des fluctuations importantes et persistantes du champ magnétique de la barre de fer. Ce champ reste en moyenne égal à zéro.	Champ magnétique externe appliqué au système : Les molécules vont s'orienter en fonction du champ magnétique.
Polarisation de l'opinion publique (Callen & Shapiro 1974)	Le consensus public est absent : Les individus se forgent leur propre opinion publique et agissent indépendamment les uns des autres.	L'opinion publique est divisée en deux camps et elle est susceptible de basculer dans l'un comme dans l'autre.	Un fort degré de consensus est formé : Sous la pression sociale, les individus se rallient à un seul consensus.

D'après le modèle de Vaga, le marché peut passer par quatre phases différentes selon la valeur de deux paramètres de contrôle :

- les fondamentaux économiques ;
- les comportements des investisseurs.

Chaque état présente une relation entre le rendement et le risque, à savoir :

- **La marche au hasard** : le marché est efficient ; l'information est immédiatement intégrée dans les prix.
- **Une phase de transition** : le marché est instable ; l'information est intégrée progressivement dans les prix. Son effet persiste tant qu'une seconde information n'est pas encore reçue pour l'annuler et changer la tendance du marché.
- **Un marché chaotique** : le sentiment du marché est partagé, aucune information économique ne permet de valider l'opinion d'un groupe ou de l'autre.
  Dans ce genre de circonstances, une rumeur ou une information mal interprétée peut provoquer une situation de panique. Devant une situation d'incompréhension, chaque investisseur essaie de suivre l'avis partagé de la foule pour prendre une décision.
- **Un marché cohérent** : un indicateur sur la situation économique permettra de mettre la balance dans un sens ou dans l'autre. Le consensus sera atteint plus ou moins rapidement selon que l'environnement économique connaît une orientation clairement définie ou non.

Les différentes phases sont expliquées dans le tableau 2 suivant.

Tableau 2
Hypothèse des marchés cohérents

Phases **Paramètres**	Marche au hasard	**Transition**	**Système chaotique**	**Marché cohérent haussier ou baissier**
Environnement économique : h -0,02 ≤ h ≤ 0,02 Selon l'influence haussière ou baissière de l'économie	0 Neutre	0 Neutre	0 Neutre	±0.02 Suivant que l'environnement est positif ou négatif.
Sentiment du marché : k 1,8 ≤ k ≤ 2,2 Equivaut au degré de polarisation	1,8 Investisseurs rationnels	2 Le marché devient instable	>2 Le marché est divisé en deux camps et il est prêt à basculer dans l'un des deux.	2,2 Le marché s'est formé un consensus général à la hausse ou à la baisse, suivant le signe de h
Histogramme de la distribution des rendements	La courbe en cloche est très proche de « l'ogive de Galton » : la distribution suit une loi normale	La courbe est toujours en cloche (Loi normale) mais son sommet s'aplatit au fur et à mesure que k augmente.	La courbe devient bimodale, c'est-à-dire que les rendements tendent à se distribuer autour de deux bassins d'attractions distincts[15].	Suivant le signe de h, un bassin d'attraction va prédominer sur l'autre. La courbe de distribution devient unimodale se décalant vers la droite ou vers la gauche.

[15] T. Vaga qualifia les moyennes des distributions de bassins d'attractions.

2.2. Les limites de l'hypothèse

C'est sur le plan de l'interprétation des interactions entre les intervenants financiers que ce modèle est le plus convaincant. Cependant, devant la difficulté ou plutôt l'impossibilité d'estimation des paramètres, T. Vaga propose les solutions suivantes.

- Concernant le paramètre h ; il suffit d'estimer son signe. Par exemple, si la Fed baisse les taux d'intérêt américains deux fois de suite en six mois, h est positif.
- Concernant le paramètre k ; les indicateurs techniques telles la hausse et la baisse des volumes et la ligne d'avance/déclin[16] permettent d'évaluer le degré de polarisation de la foule.

Mais ces solutions demeurent insatisfaisantes car Vaga reste très vague en ce qui concerne, d'une part, l'explication des phases par lesquelles passe le système financier et, d'autre part, l'interprétation de la théorie des systèmes chaotiques.

Le chaos, dans le modèle de Vaga, garde le sens de complexité et d'incertitude pur et simple.

En conclusion, l'hypothèse des marchés cohérents, tout comme celle des marchés efficients, reste insuffisante parce qu'elle révèle une partie de vérité, mais une partie seulement.

---

[16] Terme technique qu'on aura l'occasion de voir en détail dans le chapitre 7.

Chapitre 3
L'hypothèse de la fractalité des marchés et la théorie du chaos

La stabilité du système solaire a permis aux quantitativistes de mettre en place des modèles déterministes pour calculer son évolution. Ainsi, des phénomènes, comme les éclipses, sont calculés d'avance avec une précision infaillible.

Cependant, de récentes études ont prouvé que si le système solaire est régulier à l'échelle d'un million d'années, il reste toutefois chaotique à l'échelle de 100 millions d'années. À cet égard, Ivar Ikeland note « ce que l'humanité a pu percevoir durant sa brève existence, c'est un instant de cette longue durée et non son déroulement, une photo et non un film[17] ».

Le système solaire suit un régime chaotique en fait, et son imprévisibilité est due à sa sensibilité aux conditions initiales. En d'autres termes, l'évolution de l'univers est imprévisible au-delà d'un certain temps, tout comme d'autres phénomènes, telle la météorologie… C'est le météorologue E. Lorenz qui a démontré que la météorologie est régie par un modèle chaotique.

Les systèmes économiques et financiers pourraient-ils obéir également à un modèle chaotique ?

---

[17] Ekeland I., *Le Chaos*, Dominos, 1995. p. 37.

Dans ce chapitre, les caractéristiques des séries financières sont présentées et identifiées comme étant des séries fractales pour démontrer que les systèmes financiers sont régis, comme tout autre système naturel, par une dynamique chaotique.

3.1. Les phénomènes « Joseph » et « Noé »

3.1.1. Le hasard sauvage

La traduction des jugements de valeur, dans le prix de marché d'un titre, dépend de la façon dont les gens escomptent les résultats futurs incertains de ce titre.

Le degré d'aversion au risque varie dans le temps et est souvent sujet à des pensées de groupes. L'interprétation et l'assimilation de l'information varient d'un groupe d'investisseurs à l'autre créant ainsi des fluctuations.

Le modèle le plus simple de fluctuation régie par le hasard est le mouvement brownien. Ce modèle postule que les prix sont continus, et leurs changements successifs sont des variables aléatoires gaussiennes indépendantes.

Mais le hasard brownien ne suffit pas à décrire ni la Bourse ni les autres phénomènes naturels ou sociaux qui impliquent une tout autre forme de hasard.

Plus spécifiquement, on citera les symptômes, que B. Mandelbrot identifia aux ***phénomènes de Joseph et de Noé***[18]**.**

---

[18] Mandelbrot B., (29), chap. 2.5 :
- effet Joseph : cet effet symbolise la rencontre occasionnelle de très longues suites de valeurs. Cette suite s'écarte assez peu de la norme, mais les écarts sont si persistants que la moyenne ne peut se faire que très lentement ou pas du tout.

Selon B. Mandelbrot, l'effet Joseph correspond à la persistance du système financier, et l'effet Noé symbolise les fortes discontinuités qui peuvent affecter ce système dynamique.

L'observation du graphe 1 du Nasdaq 100 (l'indice des valeurs technologiques des États-Unis) au cours d'une séance boursière dénote bien l'effet Noé. En effet, le 3 janvier 2001 dès la déclaration par la Fed de la baisse inattendue des taux d'intérêt directeurs américains de 50 points de base, l'indice est monté de 2 140 points à 2 465 points, soit une hausse de 15 % en l'espace de 15 minutes !

Graphe 1
Effet Noé

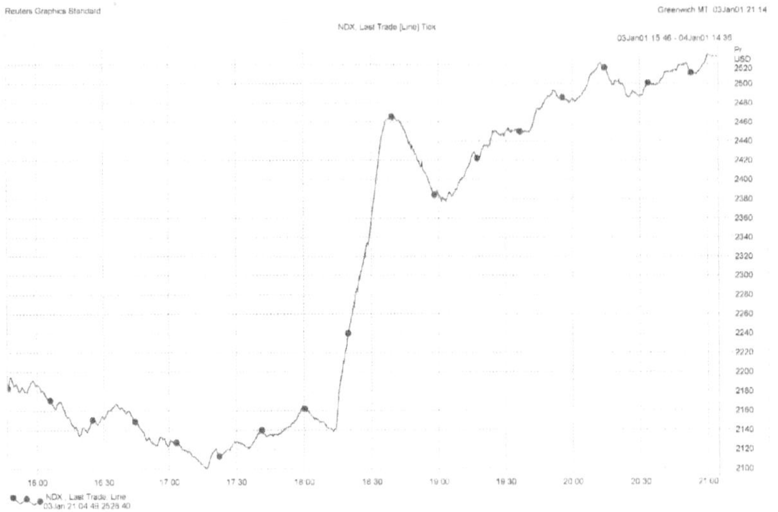

- effet Noé : cet effet symbolise la présence d'énormes écarts par rapport à la norme équivalents aux surréactions observées sur les marchés.

B. Mandelbrot avait donc parfaitement raison de tirer la conclusion suivante : « L'offre et la demande qui déterminent le prix résultent à la fois de facteurs objectifs et d'anticipations. Même si on accepte pour les premiers une approximation continue, les seconds peuvent changer du tout au tout à la suite d'un « signal » physique dont la durée et l'énergie sont négligeables, tel le proverbial « trait de plume ». Du coup, la rationalité dans la détermination des prix risque fort de mener à des sauts déstabilisants[19] ».

Pour appréhender les irrégularités de ces phénomènes, B. Mandelbrot conclut qu'il fallait élargir la notion de hasard et lui attribuer un concept plus riche.

Ainsi en 1964, il définit **deux stades de l'indéterminisme : le hasard bénin et le hasard sauvage[20]. Il associe le hasard bénin au hasard brownien, quant au hasard sauvage, il l'associe aux séries qui présentent les symptômes de Joseph et de Noé susmentionnés.**

---

[19] Mandelbrot B., (29), p. 143-144.

[20] Dans les sciences, la notion de hasard est multiforme et elle peut prendre plusieurs états distincts : l'état gazeux est associé au hasard bénin, l'état solide est associé au hasard sauvage et enfin l'état liquide (intermédiaire) est associé au hasard lent.

3.1.2. Le principe d'échelle

Un phénomène satisfait au principe d'échelle si toutes les quantités relatives à ce phénomène sont liées l'une à l'autre par une loi d'Échelle[21].

En étudiant les variables aléatoires U qui jouent dans un système économique le rôle de variables exogènes, B. Mandelbrot constate que **les séries financières suivent une distribution scalante** comme suit :

- dans le cas scalant, le prix suivra les changements de U en les amplifiant ;
- cependant tôt ou tard, U est parfaitement connu, à ce moment, ce qui se traduit par une correction brutale du prix égale aux anticipations non réalisées.

Ainsi, il arrive aux prix de monter régulièrement sans montrer signes de s'arrêter, ce qui aboutit à des niveaux jamais atteints (effet Joseph ou persistance du système), et ceci juste avant qu'ils ne s'écroulent de façon discontinue (effet Noé).

La description de l'évolution des chroniques financières comme suivant une marche au hasard sauvage qui obéit au principe d'échelle est certes très intéressante mais demeure vague. On verra dans ce qui suit comment ces caractéristiques peuvent être expliquées.

21

Loi d'Echelle

Deux quantités mesurables X et Y sont liées par une loi d'Echelle, lorsqu'il existe un exposant ε, tel que :

$$X = Y^{\varepsilon} \quad \text{ou} \quad \frac{\log X}{\log Y} = \text{constante}$$

Un cas essentiel est celui ou X est une variable aléatoire et Y = Pr.{ X>x },
la distribution scalante se définit alors par la relation :

$$\Pr.\{X>x\} = x^{-\alpha}$$

Mandelbrot B., (29) chap. 1.3 et 2.2.

3.2. La géométrie fractale : une nouvelle géométrie de la nature

Au début des années soixante, B. Mandelbrot décide de décrire la forme de ce que la géométrie déclarait « informe » ou « amorphe » par une nouvelle géométrie de la nature qu'il nomme « fractale » et qu'il définit comme suit : « Les fractales sont des objets qu'on appelle irréguliers, rugueux ou poreux ou fragmentés et qui de plus possèdent ces propriétés au même degré à toutes les échelles... Cette structure est celle de l'invariance par réduction ou dilatation, les objets qu'elle caractérise sont les fractales... Dans la finance, la fractalité postule une variabilité identique à toutes les échelles.[22] » En d'autres termes, les séries des prix possèdent une propriété d'homothétie interne et sont dites auto-affines[23]. Elles semblent obéir à une même loi ou avoir été générées par un même processus qui s'applique quelle que soit l'échelle de temps choisie[24].

Ci-dessous, sont présentés deux graphes de séries financières relatives au Nasdaq 100. On peut constater que les deux graphes sont similaires malgré la différence d'échelle utilisée dans les deux cas.

---

[22] Mandelbrot B., (29), p. 33.

[23] Très proche de l'auto-similarité est la notion plus générale d'auto-affinité qui est plus appropriée au contexte financier.

[24] B. Mandelbrot note : « Chaque petit bout de fractale contient la définition de la construction tout entière. Cette idée sera dénotée par le terme principe d'échelle ou *principle of scaling.* »
Mandelbrot B., (29), p. 40-46. Les notions d'auto-similarité et d'auto-affinité sont, en fait, les contreparties géométriques des notions de principe d'échelle.

Graphe 2a

Caractère fractal des séries financières : échelle journalière[25]

Graphe 2b

Caractère fractal des séries financières :

échelle horaire lors d'une séance boursière « intraday »

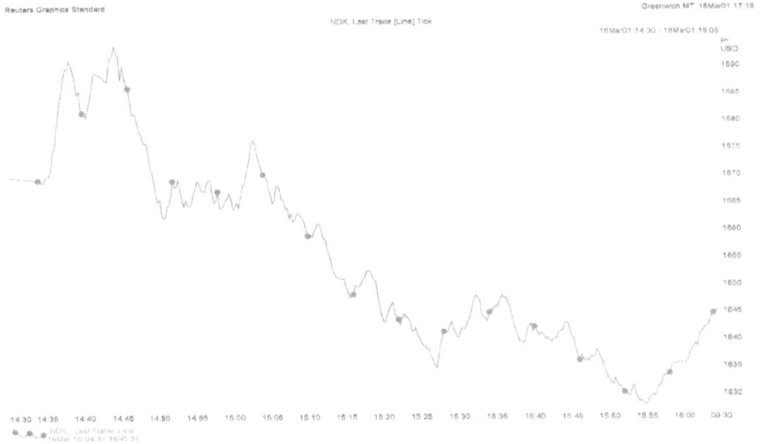

[25] L'échelle n'est pas très lisible. Le graphe ne peut être ajusté car l'image a été réduite au « scanner ».

La nature fractale est une propriété que les marchés financiers partagent avec de nombreux objets naturels telles les côtes de la Grande Bretagne[26]. En fait, on ne peut mesurer la longueur de ces côtes puisque leur structure est caractérisée par un schéma récursif : on peut trouver dans la plus petite des baies, une encore plus petite ou, des havres dans d'autres havres, qui augmentent la longueur totale de la côte à l'infini.

Un autre exemple de fractale est la structure des poumons dont les ramifications se répètent à plusieurs échelles jusqu'à devenir infiniment petites.

La découverte de la nature fractale des séries financières est très importante et cruciale car, d'une part, elle affirme l'existence d'effets mémoire et, d'autre part, elle remet en question le principe d'après lequel les séries financières sont non stationnaires[27].

La question qui se pose à ce niveau est la suivante : quel est le processus mis en jeu dans le cas des séries financières ? Comment l'identifier et pourquoi un processus particulier est mis en jeu ?

---

[26] À la question, quelle est la dimension d'un objet quelconque ?, B. Mandelbrot, faisant référence aux côtes de la Grande Bretagne, répond que cela dépend de la distance à laquelle vous vous trouvez. Au fur et à mesure que nous nous approchons d'un objet, le travail de mesure devient de plus en plus complexe.

[27] Les changements de prix sont régis par des règles probabilistes qui ne cessent de changer.

3.3. Les processus mis en jeu

3.3.1. Les distributions de Pareto-Lévy

Afin de représenter le mieux les distributions des séries financières, B. Mandelbrot décide en 1966 d'utiliser la loi de Lévy puisqu'elle tient compte des principales caractéristiques des marchés financiers ignorées par la Loi normale tels les larges fluctuations, les effets « mémoire » qui supposent une certaine stabilité du système, et ce, tout en préservant l'idée de la marche au hasard.

Les travaux de Lévy sont en fait basés sur ceux de Pareto. Ce dernier avait constaté que la courbe de la distribution des revenus était bien représentée par une courbe suivant la Loi normale, mais qu'elle différait au niveau des queues de distribution qui étaient bien plus épaisses. Ces queues correspondaient à la catégorie des citoyens les plus riches (3 %) et cachaient une information importante. Pareto l'expliqua par l'existence d'un effet multiplicateur dans la fonction du revenu. En ce sens que les riches pouvaient amplifier leur richesse plus facilement et plus efficacement que les citoyens à revenu moyen ou faible. Les mécanismes de feedbacks amplifiaient les revenus pour se traduire par des distributions aux queues plus épaisses que la normale.

Les lois de Pareto-Lévy sont en fait une généralisation des lois de distribution normale. Ce sont des lois de distribution d'une variable aléatoire qui se caractérise par quatre paramètres, ayant une densité de probabilité égale à :

$$\mathbf{Log\ (f(t)) = I.\ \underline{\delta}.\ t - \underline{\gamma}.\ |t|^{\underline{\alpha}} (1 + I.\ \underline{\beta}.\ (1/\ |t|).\ tan\ (\alpha.\ \pi\ /\ 2)}$$

δ : Paramètre de localisation de la moyenne

γ : **Paramètre d'échelle** qui comprime ou dilate la distribution autour de δ

β : **Paramètre d'asymétrie** à droite (+1) ou à gauche (-1) ; $-1 < \beta < 1$

α : **Exposant caractéristique** de l'épaisseur des queues. $0 < \alpha \leq 2$

Plus α est petit et plus les queues sont épaisses.

• Si δ est nul et si α est égal à 2

On trouve comme cas particulier des lois de Lévy, la Loi normale de Laplace Gauss et la fonction s'écrit alors :

$$\mathbf{Log\ (f(t)) = i.\ \mu.\ t - (\sigma 2 / 2).\ t^2}$$

μ est la moyenne

σ est l'écart type.

Quand α est égal à 2, la variance est finie et stable. Ceci explique pourquoi la variance devient une information relativement importante quand le marché suit une marche au hasard.

• Si $1 \leq \alpha < 2$

La variance est infinie, mais la moyenne est stable. La variance perd donc de son importance en tant qu'outil de mesure du risque de la série étudiée. Une valeur de α égale à 1, correspond à la distribution de Cauchy.

• Si $0 \leq \alpha < 1$

La moyenne devient instable et on ne peut plus l'estimer.

Propriétés des distributions de Lévy :

Les distributions qui obéissent à la loi de Lévy sont stables pour l'addition, en ce sens qu'elles restent *inva-*

riantes par rapport à l'addition de variables indépendantes[28]. **Ce cas s'applique à chaque fois que la variance est infinie, et dans le cas d'une distribution gaussienne si la variance est finie.**

De plus, les lois de Lévy sont *invariantes par changement d'échelle*, **c'est-à-dire les mêmes lois décrivent les changements de prix quotidiens, hebdomadaires, mensuels pour n'importe quel pas de temps[29]. Ceci dit, les distributions de Lévy s'avèrent les candidates idéales pour représenter la nature fractale des marchés.**

Pour vérifier si les distributions des changements de prix se trouvent L-stables, c'est-à-dire stables au sens de Lévy, B. Mandelbrot compare les distributions des changements quotidiens et des changements mensuels des prix du blé divisés par un coefficient de changement d'échelle approprié. Plusieurs tests effectués par B. Mandelbrot le conduisent à énoncer le principe suivant : **« Pour des raisons qui restent à déterminer, les distributions des changements de certains prix paraissent être de variance infinie et L-stables[30]. »**

Il introduit ainsi un nouveau concept, celui du mouvement brownien fractionnaire des séries financières, où les cours sont générés par un processus L-stable fractal persistant.

---

[28] Il faut distinguer entre deux notions de self-similarité : celle qui correspond aux fractales déterministes, et qui sont des objets où la plus petite partie est similaire à l'objet. Par exemple, le triangle de Serpinski. Et, celle qui se réfère aux séries aléatoires fractales, où de faibles incréments de temps sont statistiquement similaires aux larges incréments. Par la suite, cette notion sera dénotée invariance par rapport à l'addition de variable aléatoire.

[29] Rappel des graphes 2a et 2b.

[30] Mandelbrot B., (29), p. 155.

3.3.2. Le processus L-stable fractal persistant

a. Le phénomène de Hurst : principe d'auto-affinité et l'exposant de Hurst

Pour analyser les marchés financiers, Mandelbrot s'est basé sur les découvertes du physicien hydrologiste Harold Edwin Hurst[31]. Ce dernier, lors des recherches qu'il effectuait afin de mettre en place le projet du « Réservoir optimal du Nil » en 1940, constata que le niveau de l'eau du Nil fluctuait autour de la moyenne, arbitrairement, suivant la durée du temps.

Il introduit, alors, une nouvelle technique statistique qui repose sur l'expression suivante :

$$\mathbf{R/S = (a^* N)^{H}}$$

R(t,d) $= \max\Delta(u) - \min\Delta(u)$ est le volume d'un barrage parfait : au cours de la période de t à t + d, la décharge à la sortie aurait été constante, le barrage aurait fini aussi plein qu'il avait commencé et n'aurait jamais ni débordé ni asséché.

En finance, R améliore la différence entre les cours maximum et minimum.

Quant au dénominateur S, il est donné par :

$$S^2(t,d) = d^{-1}\sum x^2(t+u) - d^{-2}[\sum x(t+u)]^2$$

La somme allant de u = 1 à u = d

Tandis, que les recherches passées[32] étaient unanimes pour prévoir que R(t, d) devrait croître comme $\sqrt{d}$, Hurst a prouvé

---

[31] Hurst H. E., « Long-term Storage of Reservoirs », *Transactions of the American Society of Civil Engineers* n°116, 1951.

[32] L'analyse Rescaled mesure l'évolution de la distance parcourue par une particule à mesure qu'on effectue des changements d'échelle de temps de plus en plus grand. Si le mouvement de la particule suit une marche au

que R(t, d) croît comme d^H avec H pas loin de 0,7. Dans le cas du Nil, H est de 0,90, et dans tous les cas de systèmes naturels, H est supérieur à 0,5.

La principale découverte de Hurst est que les diagrammes de R/S relatifs aux chroniques empiriques se composent en général de ***courbes qui s'entrelacent étroitement le long d'une droite, mais que la pente « H » de cette droite varie d'un système à l'autre.***

Hurst avance alors l'idée que ce phénomène est ***dû à la structure de corrélation des chroniques en question****. Une structure qui, comme on le verra, est loin d'être simple* !

Les réflexions de B. Mandelbrot sur le phénomène de Hurst l'emmènent à construire une classe de processus. Il constate que dans le cas des séries financières qui présentent le caractère d'auto-affinité, l'exposant le plus important devient celui qui permet d'écrire :

$$\mathbf{P\,(t + \Delta t) - P(t) \cong (\Delta t)^{H(t)}}$$

en d'autres termes, $$\mathbf{\frac{\log \Delta P}{\log \Delta t} \cong H(t)}$$

P est le prix
t est le temps
H est l'exposant caractéristique

Le prix est, bien évidemment, une fonction non différenciable du temps : la pente ΔP/Δt dépend énormément de Δt et du hasard ; elle n'est donc d'aucune utilité pour évaluer le taux de variabilité.

Cependant, les recherches empiriques montrent que, bien que l'exposant H(t) varie d'un système à l'autre, il reste sta-

---

sens brownien, la distance parcourue devrait croître en fonction de la racine carrée du temps.

ble pour un système donné, et ce, quelle que soit l'échelle de temps considérée.

Les séries financières possèdent alors un seul paramètre qu'il est possible d'estimer sur les graphiques de R/S et c'est justement l'exposant de Hurst. Cet exposant n'est autre que l'inverse de l'exposant statistique α de Lévy :

$$\mathbf{H = 1 / \alpha}$$

Mandelbrot conclut que l'exposant de Hurst, que l'on notera par la suite H, décrit la structure des corrélations observées dans les séries financières.

En d'autres termes, ***H mesure la dépendance à long terme des séries temporelles et leur tendance à manifester des cycles. L'exposant*** *H permet ainsi de mesurer l'impact des informations sur le système financier étudié.*

b. La structure de corrélation des séries financières : la dépendance des séries temporelles et l'impact de l'information

La propriété la plus frappante des séries fractionnaires se rapporte à la dépendance entre le passé et l'avenir. Cette constatation permet à B. Mandelbrot d'avancer l'idée qu'un système dans le cas des bruits fractionnaires avec H # 0,5 suit un processus stationnaire[33] : la corrélation entre la moyenne T des dernières valeurs et celle des T prochaines valeurs est non nulle.

Ce fait est une des conséquences de la propriété d'auto-affinité des séries fractales ; elle ne dépend pas de T. Plus H s'éloigne de 0.5, plus cette corrélation s'éloigne de 0.

[33] Dans le cas du bruit blanc : un futur et un passé suffisamment éloignés doivent devenir asymptotiquement indépendants.

Comme le temps est une série itérative, l'impact du présent sur le futur peut être exprimé par la corrélation C tel que :

$$\mathbf{C = 2^{(2H-1)} - 1}$$

C = Mesure de corrélation
H = Exposant de Hurst

• Pour **H = 0,5**

La série suit un mouvement brownien standard, qui peut être gaussien ou pas, et où les accroissements sont effectivement indépendants.

Les observations ne sont pas corrélées : C est égal à zéro.

Les informations passées ont déjà été intégrées dans le prix comme c'est parfois le cas pendant les « earnings season [34] ». Notons aussi que quand on est dans un marché où les arbitragistes sont dominants tels les marchés de certaines denrées et des taux d'obligations, H est souvent égal à 0,5.

• Pour **H # 0,5**

Les observations sont corrélées, chacune ayant gardé la mémoire de tous les événements précédents. La série suit un mouvement brownien fractionnaire.

o Si **0 < H < 0,5** ***Le processus est dit « antipersistant »***

La corrélation entre les observations est négative. La série est caractérisée par son retour à la moyenne. Ce type de série manifeste fréquemment des renversements de tendance soudains. La volatilité se présente comme le candidat idéal à cette caractéristique

[34] Période de déclaration des résultats des sociétés.

À titre d'exemple, le graphe 3 ci-dessous illustre la VIX (la volatilité relative à l'indice S&P100) entre juin 1998 et avril 2001. On constate que la VIX a fluctué autour de sa moyenne (ligne rouge) évalué à 27 % tout au long de cette période.

Graphe 3
Caractéristique antipersistante de la volatilité (Source : Reuters)

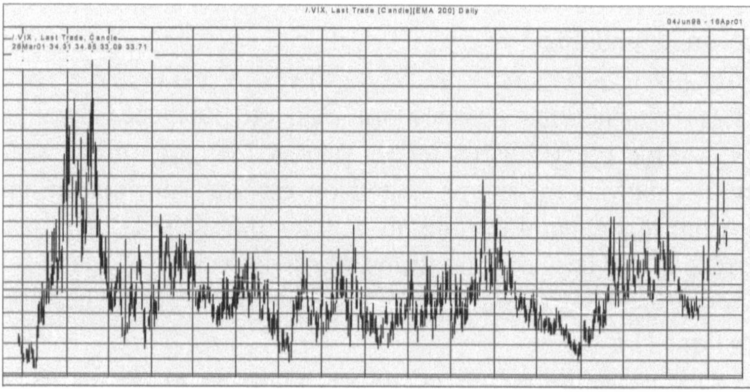

- Si **0,5 < H < 1** ***Le processus est dit « persistant »***

Les accroissements sont corrélés entre eux de façon positive. En d'autres termes, si les observations sont positives ou négatives, il y a de fortes chances qu'elles continuent dans le même sens. B. Mandelbrot explique ce phénomène en notant « ...la persistance du processus devient de plus en plus marquée lorsque H croît de 0,5 à 1. En pratique, cela s'exprime par le fait que les cycles (non périodiques) de tout genre deviennent de plus en plus clairement distincts. En particulier,

> les cycles lents deviennent de plus en plus importants[35] ».

Notons aussi que ;

- Plus H tend vers 1, plus la tendance de la série est clairement définie. Mais si la valeur de H est très proche de 1, la série présente un risque de renversement soudain de tendance. En fait, H à peine inférieur à 1 correspond à un processus à l'extrême limite du stationnaire qu'on peut considérer comme à mi-chemin entre le bruit blanc (totalement exempt de dépendance) et le mouvement brownien (dépendance très forte mais purement cumulative et non stationnaire).
- Par contre, plus H est proche de 0,5, plus la série se trouve marquée par des « bruits » et sa tendance ne peut pas être clairement définie.

=> Validation de l'exposant H

Pour vérifier si l'exposant de Hurst mesure effectivement la structure des corrélations des séries étudiées, E. Peters[36] effectue le test suivant.

Il choisit une série avec un exposant H égal à 0,90 et change l'ordre de ses données. Ensuite, il calcule à nouveau l'exposant H de la série « désordonnée ». Il constate alors que la valeur de H devient égale à 0,52 : la mémoire du système et sa structure ont été complètement détruites par l'opération.

Cette expérience confirme l'idée selon laquelle l'exposant H permet, d'une part, d'identifier les séries générées par un processus caractérisé par une mémoire et, d'autre part, de mesurer la structure des corrélations de la série étudiée.

---

[35] Mandelbrot B., (29).
[36] Peters E. E., (34), p. 75-76.

=> Autre utilisation de l'exposant H = mesure d'incertitude

La volatilité ne suffit pas à elle seule à mesure que le risque de la série étudiée. Cette mesure doit être accompagnée par celle de l'estimation de l'exposant caractéristique H, qui est un exposant assez solide. L'exposant H se base en fait sur peu d'hypothèses constantes pour mesurer le nombre de « bruits » dans les observations et permet ainsi de classifier des séries temporelles.

En réalité, l'outil technique utilisé est la dimension fractale qui est égale à :

$$\mathbf{DF = 2 - H}$$

La dimension fractale (DF) décrit comment une série temporelle se développe ; c'est le produit de tous les facteurs qui affectent le système qui forme la série.

Par exemple, dans le cas d'une série temporelle des rendements d'une action, ce sont les facteurs micro et macroéconomiques qui affectent la prise de décision et permettent d'obtenir un prix final.

Plus explicitement, prenons l'exemple d'E. Peters[37]. Dans cet exemple, pour une période donnée, il compare deux actions ayant différents cumuls de rendements. Il constate que les deux ont des volatilités presque identiques alors que leurs DF sont différentes. La dimension fractale la plus élevée correspond à l'action ayant un cumul de rendements plus faible : la dimension fractale permet donc d'évaluer et d'analyser une distribution de prix.

Par ailleurs, l'exposant H d'un indice quelconque est supérieur à celui des actions qui le composent. Une fois de plus, l'avantage de la diversification est démontré puisque cette

[37] Peters E. E., (34), p. 59.

stratégie permet de réduire les « bruits » dans le système. Et maintenant, on dispose d'un nouvel outil pour mesurer l'efficience de la diversification.

c. Les tests de stabilité du système

1. Instabilité à N < 30 jours

Pour vérifier la stabilité des distributions des changements des prix, Edgar Peters[38] compare l'exposant H des distributions quotidiennes obtenues à partir de l'addition du logarithme des rendements des séries journalières des prix du S&P500. Théoriquement, les écarts hebdomadaires de prix n'étant que la somme algébrique des écarts quotidiens, ils doivent suivre la même loi statistique que les écarts quotidiens, donc H devrait rester constant pour tous les incréments : la distribution à 1 jour doit avoir le même exposant que celle à n jours.

Cependant, en effectuant le test de stabilité, E. Peters constate qu'en réalité H n'est pas stable : les valeurs de H augmentent progressivement de 0,59 à 0,78 entre t = 0 et t = 30 jours, pour ensuite fluctuer entre 0,78 et 0,81.

E. Peters attribue l'accroissement de l'exposant H, d'une part à l'existence d'un certain bruit dans le système, dont l'effet disparaît au bout du trentième jour, et d'autre part, au fait que les fluctuations des prix à très court terme sont caractérisées par une mémoire très courte qui n'est autre que la mémoire markovienne.

---

[38] Peters E. E., (34), p. 117.

Un autre processus est alors identifié. Ce processus est autorégressif et il est caractérisé par une dépendance de très court terme[39].

Ainsi, pour N < 30 jours, on a un exposant H_ε tel que $0,5 < H_\varepsilon < H$. Pendant cette période les séries comportent plus de bruits.

Cette caractéristique peut être expliquée par la présence des « traders techniques » qui sont influencés par les cours des jours ou des heures précédentes, qu'ils prolongent par l'intermédiaire de modèles techniques.

La dépendance au sens de Markov est de court terme, car son effet disparaît du système après un très court laps de temps et elle peut être due à un simple bruit. Cette dépendance ne doit pas être confondue avec celle identifiée grâce à la structure de corrélation (H) des séries financières qui reste dans le système et qui implique que les événements d'aujourd'hui changent le futur !

Pour illustrer les mouvements erratiques journaliers qui n'ont aucun effet sur les cours futurs, prenons comme exemple les nombreuses fois où on constate, pendant les périodes d'euphorie, que le cours d'une action augmente de 5 % ou même de 10 % en l'espace de quelques minutes, tout simplement, parce que le président exécutif de la compagnie est en train d'être interviewé sur une chaîne de radio ou de télévision. Par la suite, le cours retourne au prix initial (d'avant l'interview).

Ceci explique, par ailleurs, le fait que la volatilité est bien plus élevée à court terme qu'à long terme. Notons aussi que, bien souvent, les mouvements erratiques journaliers peuvent

[39] La fonction peut avoir la forme suivante : $\mathbf{X}_{(t)} = \mathbf{X}_{(t-1)} + \varepsilon$, avec ε une variable aléatoire gaussienne à moyenne nulle.

être expliqués par la tendance des investisseurs à réaliser leurs profits. Dans ce cas, le bruit peut être tout simplement dû à une prise de profit.

2. Instabilité à N > cycle du système

La stabilité du système financier est, une fois de plus, remise en question quand on observe le comportement cyclique limite non périodique[40] qui le caractérise.

E. Peters décide de tester les différents modèles stochastiques qui incluent des effets mémoire. Il observe que les processus autorégressifs évolués conduisent à des distributions aux queues plus épaisses et peuvent mettre en évidence l'effet de la mémoire, mais seulement la mémoire à court et moyen terme. Ces processus perdent leur pertinence quand l'horizon s'allonge. En d'autres termes :

- À court et moyen terme, les marchés financiers sont dominés par des investisseurs qui ont des horizons d'investissement appropriés (processus autorégressifs à très court terme et processus ARCH évolués à court terme caractérisés par des variances conditionnelles finies, c'est-à-dire que chaque horizon est caractérisé par son propre processus…) dont l'intégration débouche sur des distributions de Lévy : les cours sur les marchés financiers sont générés par un processus L-stable fractal persistant.
- À long terme, la variance devient infinie. H converge vers 0,5 comme si l'effet mémoire baisse à tel point qu'il devient impossible de le mesurer après un cycle

[40] En ce sens, B. Mandelbrot note : « On est frappé par la multiplicité des durées des différents cycles moyens et la fragilité des critères qui pourraient définir ou différencier les chroniques économiques et les chroniques du Nil », (29), p. 163.

(N). La stabilité du système est perdue[41] et le processus n'est plus stationnaire.

Poursuivant son analyse sur l'évolution des indices boursiers, E. Peters détecte l'existence de cycles de durée moyenne qui renvoie à l'existence d'un cycle économique sous-jacent.

Dans le cas de l'indice S&P500, une analyse faite sur une période de trente-huit ans, allant de janvier 1950 à juillet 1988, montre que le processus a une mémoire de $N \leq 48$ mois avec un exposant H qui progresse de 0,70 à 0,78. Le maximum est atteint au bout de la quatrième année, qui correspond au moment où le processus perd sa mémoire et H rebaisse progressivement pour atteindre $\cong 0,52$.

E. Peters explique ces observations comme suit :
Les investisseurs fondamentaux pour qui l'horizon est celui du long terme s'appuient sur une mémoire longue, tels les souvenirs, les expériences, la connaissance des cycles économiques et financiers précédents... Puisque les marchés financiers sont influencés par les données et les cycles économiques, ils doivent alors avoir des cycles similaires.

Notons que le cycle économique peut être celui qui fait référence aux données macroéconomiques tout comme il peut être basé sur le cycle microéconomique, c'est-à-dire sectoriel.
Une analyse sectorielle montre par ailleurs que le secteur des technologies est caractérisé par un exposant H très élevé et un cycle court, alors que le secteur des services est caractérisé par un exposant H faible, mais un cycle long. Cette constatation est évidente puisque les sociétés du secteur de la

[41] On ne possède plus aucun paramètre stable.

technologie doivent continuellement innover pour faire face à la concurrence et leurs produits sont souvent rapidement menacés d'obsolescence.

Ainsi, en simplifiant et en récapitulant ce qui vient d'être exposé, on peut dire que les caractéristiques de R/S permettent de déterminer la durée de temps après laquelle l'information se dissipe avec un effet qui n'est plus mesurable dans la série.

L'information n'est pas totalement et ou immédiatement intégrée dans les prix, mais elle se manifeste comme un biais dans les rendements. Le biais continue jusqu'à l'arrivée d'une nouvelle information qui le changera en magnitude ou en direction, ou les deux ensembles, après un certain nombre donné d'observations, qui varient suivant la série étudiée. Ce fait, explique la convergence de H vers 0,5. Cette convergence permet d'avancer l'idée que le système suit un autre processus[42] au bout d'un certain temps T caractéristique[43].

Edgar E. Peters propose, alors, une nouvelle approche des marchés financiers, **l'hypothèse de la fractalité des marchés**, selon laquelle :

- L'information n'est pas nécessairement répercutée immédiatement dans les cours.
- L'information est évaluée selon l'horizon d'investissement de chaque investisseur.

---

[42] Idée approfondie au chapitre 4.

[43] Dans le cas du système solaire, c'est le temps nécessaire pour qu'une erreur de positionnement ou une perturbation du mouvement soit multipliée par 10. Ainsi pour une période :

- $t < T$ On peut suivre le système par le calcul.
- $t > T$ On perd complètement la trajectoire du système.

- L'évolution des prix sur un marché est caractérisée par des effets mémoire qui peuvent être de court, de moyen ou, de long terme.
  L'économie et les marchés financiers présentent des séries caractérisées par une mémoire longue mais finie, comme tout autre système naturel.
  La durée (N) de la mémoire varie d'un système à l'autre ainsi que d'une action à l'autre.
- Les prix observés reflètent une combinaison de « trading » à court et moyen terme et d'évaluation fondamentale à long terme.
- Les processus autorégressifs s'appliquent bien à court et moyen terme, mais tendent à sous-estimer la structure des corrélations au bout d'un certain temps.

La partie suivante explique pourquoi et comment le système perd sa stabilité au bout d'un certain temps.

3.3.3. La théorie du chaos

Certes, la notion de « persistance » explique bien le comportement des investisseurs qui privilégient l'analyse des cours passés exploitant les effets mémoire à court et moyen terme, les renforçant en retour dans une relation réflexive. Mais l'observation de cycles limites non périodiques met en évidence deux autres réalités :

- La persistance des systèmes financiers et économiques n'est pas et ne peut être infinie. Les marchés haussiers sont suivis de marchés baissiers et vice versa (effets Noé et Joseph).

- Les analyses statistiques révèlent l'existence de cycles financiers non périodiques mais limites qui renvoient aux cycles économiques sous-jacents. La convergence de H vers 0,5 n'implique pas que la série n'est plus fractale, mais explique l'instabilité du système à ce moment.

Ces observations conduisent E. Peters à conclure qu'à long terme l'évolution des cours est principalement le reflet d'une dynamique chaotique sous-jacente.

Deux questions se posent donc : qu'est-ce que la théorie du chaos ? Comment cette théorie permet-elle d'élucider l'évolution des cours financiers à partir d'un certain horizon de temps ?

a. Définition et caractéristiques

La découverte du chaos est liée à l'observation que certains systèmes dynamiques peuvent acquérir au cours de leur mouvement une liberté dont ils ne jouissaient pas au début. Ces systèmes connaissent une évolution dans le temps qui présente une grande sensibilité aux conditions initiales.

Le fait fondamental est qu'un système dynamique peut être déterministe tout en créant des comportements chaotiques.

Ce fait a été découvert en 1961 par le météorologue E. Lorenz. Ce dernier a construit un prototype météorologique informatisé très réduit, ne dépendant que de douze facteurs, afin d'effectuer des simulations numériques.

Le principe qui gouvernait le prototype était très simple : à partir de données quantifiées d'une photographie météorologique, l'ordinateur pouvait calculer de petites projections. Les données issues de ces projections constituaient les bases du prochain calcul et ainsi de suite.

La première constatation de Lorenz fut que sa météo artificielle ressemblait beaucoup à la météo naturelle. Par conséquent, dans le cas de la météorologie, le hasard n'est pas lié à la complexité du système.

Sa deuxième constatation fut qu'un simple arrondi de 1 pour 1 000 dans son modèle avait fini par avoir des effets considérables au bout d'un certain temps. En fait, voulant dérouler ses simulations sur une période plus longue qu'il ne l'avait fait lors d'une expérience passée, il recopia l'état du système à mi-parcours. À sa grande surprise, la seconde simulation avait lentement divergé de la première pour ne plus lui ressembler du tout au bout d'un certain moment. Tout se passait comme si dans ces deux parties du passé, il avait observé deux phénomènes différents. Ces observations lui permettent de conclure que le système météorologique est un système dynamique régi par une dynamique chaotique caractérisée par l'existence d'un effet amplificateur ou « ***effet papillon*** ». Cet effet se traduit par le fait que les calculs du système dépendent en grande partie des valeurs de départ. Cette dépendance est si grande « qu'un mouvement d'ailes d'un papillon au Brésil peut constituer un facteur de déclenchement d'un ouragan au Texas[44] ».

La sensibilité aux conditions initiales trouve sa source dans le caractère non linéaire des systèmes, où l'effet peut être plus proportionnel que la cause. (Ces considérations expliquent pourquoi la validité des prévisions météo se trouve limitée à quelques jours).

Une autre expérience d'E. Lorenz démontre que tout système dynamique non linéaire qui a atteint un régime chaotique repasse au bout d'un certain temps par des états

---

[44] Lorenz E., « Deterministic nonperiodic Flow », *Journal of Atmospheric Sciences* n°20, 1963.

voisins de ceux qu'il a déjà connus. La trajectoire du système a tendance à n'occuper qu'une partie limitée de l'espace, et à converger vers un « ***attracteur étrange*** » de nature fractale[45]. Tout ce qu'on peut affirmer, c'est qu'il est quelque part sur son attracteur étrange, où exactement ? On ne peut le savoir qu'a posteriori.

L'attracteur :

L'attracteur est défini comme étant le niveau d'équilibre de tout système.

Pour un système qui tend vers un équilibre stable, l'équation est linéaire et a une seule solution ; l'attracteur est appelé **« point attractor »**.

Quand le système est régi par une dynamique non linéaire, on constate que le système décrit des orbites dans son espace probabilisé. Les divers points par lesquels passe l'orbite constituent les solutions du système d'équation. Ces solutions sont calculables et donc prévisibles, car le système décrit toujours les mêmes orbites. Les cycles sont alors périodiques et l'attracteur est appelé **« cycle limite »**.

Cependant, on observe que pour certains systèmes, les orbites décrites sont à chaque fois différentes. Le système ne passe jamais par les mêmes points. Les orbites ne se coupent jamais, mais restent confinées dans leur espace probabilisé : les cycles sont non périodiques et l'attracteur est alors appelé **« attracteur étrange »**.

---

[45] B. Mandelbrot définit les fractales comme étant les attracteurs étranges de tout système chaotique déterministe. Ces objets possèdent la particularité de posséder un périmètre infini tout en étant contenu dans un espace fini.
Mandelbrot B., (29).

Revenons à l'effet papillon découvert par E. Lorenz. Cet effet en réalité représente un détail d'un phénomène mathématique complexe : c'est ***le chaos déterministe. Ce phénomène explique comment un système apparaît être totalement aléatoire, alors qu'il peut être généré par un processus déterministe.***

À cet effet, Ivar Ekeland[46] note : « la théorie du chaos élargit considérablement la possibilité d'emploi des modèles déterministes... Proposer un modèle déterministe, c'est aussi laisser un espace au hasard, une dimension à l'imprévisible... Le système est confiné sur son attracteur étrange, certes, mais son mouvement sur l'attracteur nous échappe, et voilà une prédiction que l'on peut faire bien au-delà du temps caractéristique... admirable et subtil dosage du hasard et de la nécessité. »

Le chaos apparaît essentiellement en relation avec des mécanismes auto-renforcés générés par des boucles de feedbacks positives. Chacune de ces boucles peut contribuer à ce qu'un phénomène s'autorenforce jusqu'à un point où celui-ci est freiné par d'autres mécanismes.

À ce moment, c'est-à-dire lorsqu'un changement brusque très important dans la dominance des différentes boucles positives se produit, on observe un phénomène connu sous le nom de ***bifurcation***[47]. Ce phénomène se traduit par le fait qu'un système à l'équilibre bifurque de manière croissante pour terminer dans un comportement chaotique et ce, de façon très ordonnée. Cela se produit lorsqu'un paramètre du système est stimulé au-delà d'un certain seuil limite.

---

[46] Ekeland I., (10), p. 101.

[47] Le biologiste australien Robert May fut l'un des premiers à découvrir les bifurcations (1976).

b. La vérification du principe des systèmes financiers chaotiques

1. La liberté du système

L'étude du système financier rend compte d'une évolution totalement erratique des séries financières à partir d'un certain moment, comme si elle était marquée par de plus en plus de bruits à mesure que le temps passe.

La tendance du système n'est plus clairement définie, et H se rapproche de plus en plus de 0,5. Tout se passe comme si la mémoire du système avait été perdue, le système acquiert une certaine liberté et son mouvement semble suivre une marche au hasard.

Cette liberté rend les modèles de Lévy et de Mandelbrot obsolètes au bout d'un certain temps « T » caractéristique. L'exposant H permet de mesurer la force de corrélation du système et le moment où cette force s'estompe. C'est-à-dire, elle est perdue dans le système.

2. La sensibilité aux conditions initiales

La sensibilité aux conditions initiales explique l'imprévisibilité du système : les modèles quantitatifs ne peuvent évaluer avec exactitude le processus mis en jeu et l'expliquer car ils ne peuvent calculer :

=> Le point initial passé : l'évaluation par le retour au passé est impossible. Ceci renvoie à la notion d'entropie, concept clé de la thermodynamique suivant lequel toute transformation d'énergie sous une autre forme s'accompagne de pertes et cela de façon irréversible. À cet effet, D. Dacunha-Castelle note, « l'entropie est pensée en termes de quantité de hasard portée par l'expérience, l'information l'est en termes de quantité d'incertitude supprimée par l'observation des résultats de cette expérience[48] ».

=> Le point actuel : toutes les informations ne sont pas immédiatement intégrées dans les prix et on ne peut mesurer d'avance avec exactitude les réactions des intervenants. On peut tout de même évaluer la marge dans laquelle les prix vont fluctuer. Mais cette marge change avec le temps. Les prix varient suivant la perception que les investisseurs se font de la valeur d'une action ou « fair value ».

Cette valeur se présente comme une marge de prix déterminée en partie par les sentiments et les valeurs fondamentales de l'action. Mais de nouvelles informations macroéconomiques ou microéconomiques peuvent suivant leur importance changer la marge de fluctuation des prix et ce, à la hausse comme à la baisse. On rejoint ainsi l'idée de David Ruelle, qui stipule qu'étant donné qu'un système, dans les cas de la biologie et des sciences « nouvelles », apprend et change de nature, il est difficile d'écrire des équations temporelles[49].

Le système financier ne peut donc être entièrement déterministe puisqu'il contient une part de hasard. Certes, le hasard existe dans l'évolution des cours, mais c'est un hasard sauvage. La marche au hasard ne se fait pas dans tout l'espace, mais dans l'attracteur étrange, ceci explique l'existence de cycles limites non périodiques, comme on le verra par la suite.

---

48 Didier Dacunha-Castelle, *Chemins de l'aléatoire, le hasard et le risque dans la société moderne*, Flammarion, 1996, p. 207-208.
49 Ruelle D., *Hasard et Chaos*, *op. cit.*, p. 105.

3. L'attracteur étrange

Selon B. Mandelbrot les attracteurs étranges rendent possible la prise en compte à la fois de l'effet Joseph et de l'effet Noé. La fractalité du système, grâce à sa caractéristique auto-affine, permet d'identifier des cycles, mais des cycles limites non périodiques qui dépendent du processus mis en jeu et surtout du comportement des intervenants.

Les analyses historiques prouvent que ***les cycles économiques*** :

- ***ne sont pas prévisibles*** : on ne peut pas prédire avec exactitude si le cycle identifié est à sa fin ou pas ;
- ***ne sont pas non plus totalement aléatoires*** : on peut identifier des enchaînements parfaitement logiques entre les anticipations, les acteurs et leurs comportements, comme les conséquences de l'action de la Fed[50] sur les taux d'intérêt.

Les cycles sont en fait une des conséquences du système chaotique qui régit l'économie.

Le tableau ci-dessous reprend les notions mentionnées dans ce chapitre.

---

[50] Idée étudiée dans le chapitre 7.

Tableau 3
La dynamique chaotique

HASARD	HASARD SAUVAGE	DÉTERMINISME
Comportement des intervenants : le système apprend et change	**Nature fractale du système financier**	**Effets mémoire identifiés à court et à long terme**
Évolution erratique au jour le jour	Persistance des évolutions « effet Joseph » L-stabilité	Structure de corrélations et relations réflexives : « trading » technique et identification de processus autorégressifs.
Multiplicité des cycles et liberté du système à long terme	Larges fluctuations : sauts déstabilisants, « effet Noé » L'attracteur étrange pose une limite à la liberté du système.	Identification de mécanismes fondamentaux qui dirigent les marchés à long terme.

En conclusion, on peut dire que l'avantage principal de la géométrie fractale est qu'elle permet de décrire le système financier comme étant régi par une dynamique chaotique ; une série financière peut désormais être définie par son exposant H et sa période N.

Le processus mis en jeu dépend de la structure des corrélations entre les cours, ce qui permet de définir un processus L-stable. Cependant, le temps caractéristique[51] pose une limite stricte à toute prévision quantitative, car au-delà de ce temps, le système acquiert une certaine liberté. Une chose est néanmoins certaine, c'est qu'il gardera sa nature fractale.

---

[51] Le temps est caractéristique dans le sens où il dépend du système en question, il varie suivant l'action, le secteur, la microstructure du marché…
Le temps caractéristique du système solaire serait de 100 millions d'années, celui de la prévision du temps d'un mois !

Chapitre 4
L'hypothèse du « Noisy Chaos »

Les systèmes financiers apparaissent comme des systèmes dynamiques chaotiques à la fois déterministes et imprévisibles.

Il est vrai que les irrégularités exogènes perturbent en partie les systèmes, mais la plus grande perturbation trouve son origine dans l'imprévisibilité qui est une partie intégrante (un élément endogène) des systèmes financiers.

Dans ce chapitre, on introduit un nouveau concept pour décrire et tenter d'expliquer l'évolution des marchés financiers.

Dans ce concept, le déterminisme local ou partiel vient de l'identification d'effets mémoire à court et à long terme. Quant à l'imprévisibilité, elle provient de la reconnaissance de la sensibilité du système aux conditions initiales et de l'identification d'un processus d'entropie qui évolue en parallèle avec le processus L-stable et qui est à l'origine de l'instabilité de ce dernier à partir d'un certain temps T caractéristique.

En d'autres termes, ce nouveau concept rend compte dans le système financier d'un processus L-stable qui est perturbé par un processus que nous nommerons « entropie dynamique des écarts ».

Il nous paraît donc pertinent de donner à ce concept un nom permettant de l'identifier : le *« Noisy Chaos »*.

L'évolution des cours résulte donc de la relation dynamique entre la tendance sous-jacente ou les fondamentaux qui traduisent la réalité économique et financière du marché et le biais induit par les agents financiers[52]. La combinaison de ces concepts permet d'analyser les marchés pendant les différentes phases suivantes.

4.1. Phase 1 : processus L-stable à l'instant t < T

Pendant cette phase ;

- On peut déterminer des processus autorégressifs qui varient suivant les horizons d'investissement.
  L'évolution des marchés suit un mouvement brownien fractionnaire. Le mouvement brownien est biaisé[53], les probabilités de distribution des changements de prix étant biaisées dans une direction ou dans une autre. La courbe de distribution des rendements est unimodale à droite (à gauche) si le marché est haussier (baissier).
  Les cours sont alors générés par un processus L-stable fractal persistant. Ce processus est déterminé en partie par la structure des corrélations des séries mesurées grâce à l'exposant H et par des boucles de feedbacks positives ou relations réflexives. Ces relations sont auto-entretenues par les attitudes des intervenants

[52] Georges Soros dans son ouvrage *The Alchemy of Finance* identifie la relation entre ces trois paramètres qui se renforcent l'un l'autre dans un sens puis dans le sens opposé.
[53] L'information agit comme un biais dans les rendements. L'exposant H permet d'identifier ce biais et mesure son intensité.

financiers qui utilisent par exemple les systèmes chartistes[54].

Dans le même temps, un autre processus est en cours. C'est un processus autorégressif régi par une mémoire markovienne qui est en fait à l'origine de l'incertitude constatée à très court terme (inférieur à 30 jours) et donc des comportements erratiques observés parfois en cours de session de trading. Mais le processus stable domine totalement le processus de Markov (dans ce dernier, la dépendance étant de très court terme).

- On peut mettre en place des marges de fluctuations des cours autour de la marge de la valeur « fondamentale technique[55] » de l'actif.

  Les concepts perceptifs diffèrent d'un individu à l'autre, chaque individu prend ses décisions suivant sa propre perception des choses.

Par exemple, dans l'élaboration de leurs rapports, les fondamentalistes ont souvent des différends, quand il s'agit de décider des ratios et facteurs les plus importants.

Pendant cette période, les concepts perceptifs[56] sont qualifiés de « certains et sauvages » car, d'une part, on peut grâce aux analyses psychologiques et techniques appropriées prévoir les comportements des investisseurs, et, d'autre part, une certaine marge d'erreur dans les prévisions et

---

[54] De nombreuses personnes utilisent les mêmes systèmes chartistes, ils en tireront profit, que leurs analyses soient justes ou fausses.

[55] Notion qui sera expliquée dans le chapitre 7, pour l'instant il suffit de la considérer comme étant la « valeur réelle » de l'actif.

[56] Comme on le verra dans la partie II.

d'imprévisibilité[57] dans l'occurrence de bruits dans le système est toujours possible.

Les concepts perceptifs hétérogènes vont créer une sorte d'incertitude et engendrer des écarts, quoique minimes, entre le prix boursier et la marge du prix « fondamental technique ». On verra par la suite que c'est dans ces écarts que loge le hasard.

4.2. Phase 2 : processus d'entropie à l'instant t = T

À un certain instant « T », le système financier ne peut plus être estimé, autrement dit, on ne peut plus le suivre par le calcul : le système acquiert une liberté qui le rend imprévisible ! Le facteur d'incertitude, dans sa définition la plus large, s'introduit à cet instant.

En d'autres termes, suite à un choc, le système passe d'un état L-stable, où la marge de fluctuation des prix peut être déduite grâce à des processus autorégressifs et à l'analyse technique et fondamentale, à un état instable, où la marge de fluctuation des prix est rompue. On constate alors que la volatilité du marché s'accroît très rapidement et finit par atteindre des niveaux historiquement élevés, avec souvent pour corollaire un nouveau record enregistré.

Le consensus de marché

Le choc se produit en fait au niveau des boucles de feedbacks positives du système, et ce, lorsqu'un paramètre est stimulé au-delà d'un certain seuil critique.

---

[57] Notons que, les cours boursiers sont toujours affectés d'un biais et ce biais affecte les fondamentaux positivement pendant les phases d'anticipation et d'accumulation des marchés.

En 1987, Ervin Laszlo[58] définit un cadre théorique d'analyse où il sépare les paramètres qui peuvent influencer la dominance des boucles dans les systèmes économiques selon trois catégories :

- les innovations technologiques ;
- les conflits et les conquêtes ;
- les perturbations économiques et sociales telles les pénuries, les crises financières, etc.

Prenons comme exemple celui où le choc se produit suite à des innovations technologiques. Les découvertes scientifiques vont stimuler la productivité entraînant une augmentation des marges des sociétés de technologie. Les effets dits multiplicateurs, l'autorenforcement des perspectives de croissance et bien d'autres éléments sont autant de facteurs qui stimuleront les interrelations de l'économie. À partir d'un certain moment, la croissance va se répandre sur l'ensemble de l'économie.

On assiste tout au long de cette période à une situation où les intervenants financiers – investisseurs, analystes et autorités – ne disposent pas d'outils d'évaluation appropriés des nouvelles données économiques. Les écarts, entre la valeur boursière et la valeur fondamentale technique, en début de période sont justifiés par la croissance économique résultant de ces innovations. Mais la nature de l'homme veut que les investisseurs aient tendance à surestimer les potentiels de croissance et les avantages que les innovations apporteront à l'économie.

Cette tendance se traduira dans leur perception des valeurs (des actions) par une surévaluation des cours boursiers. Dans

[58] E. Lazlo, *Evolution : The grand synthesis*, New Science Library, USA, 1987.

le même temps, les investissements boursiers devenus une mode profitable, un phénomène de contamination sociale s'instaure sur les marchés, ce qui favorise la formation progressive d'un consensus positif de marché.

La surévaluation va s'amplifier puisque les profits générés seront réinvestis dans les marchés ; résultant ainsi en la création d'un effet de richesse. Cette richesse s'avérera maligne par la suite, puisqu'elle dopera les déséquilibres qui favoriseront une surchauffe de l'économie[59].

Les impulsions de ces systèmes donneront naissance à une certaine incertitude. Les perspectives de croissance et de profits espérés sont remises en question puisqu'ils ne peuvent être atteints s'ils ne sont pas accompagnés d'un « équilibre » économique sain. Une vague d'angoisse commence par envahir les marchés. Les écarts d'évaluation sont déjà grands et mal appréciés au regard des prévisions macroéconomiques et microéconomiques pessimistes. Cependant, le biais continue de s'accroître pour atteindre une valeur insoutenable : la réduction de l'écart entre la réalité et la perception s'opère alors brutalement par un changement radical de la perception... Le désengagement financier commence.

À ce stade s'introduit la notion de consensus financier qui, comme l'explique bien G. Sauvage[60], renvoie beaucoup plus à un processus progressif et convergent d'ajustements réciproques de diverses opinions qu'à une moyenne d'évaluations objectives et indépendantes. Ce processus s'accroît jusqu'à atteindre ce que l'on appelle un ***extrême de consensus.***

En réalité, les extrêmes de consensus se manifestent lorsque le marché boursier est dit « suracheté » ou « survendu ».

---

[59] Annexe 2 : exemple des États-Unis.
[60] Sauvage G., (42), p. 119.

Ainsi, au terme d'une hausse, alors que la cupidité et le volume d'achat augmentent, un état de « surachat » est créé, qui est le prélude à une baisse. Vers la fin de cette baisse, alors que l'anxiété et les ventes s'accroissent, un état de « survente » est créé, qui introduit une nouvelle hausse.

Il devient alors utile et nécessaire d'ajouter à la liste d'E. Laszlo, un quatrième paramètre : celui des extrêmes de consensus.

En réalité, les praticiens de l'opinion contraire se basent sur ce paramètre pour opérer sur les marchés. L. Tvede[61] explique la logique de ces praticiens ainsi.

La plupart des investisseurs actifs souscrivent à une lettre d'informations sous une forme ou sous une autre. Ces lettres émettent des recommandations d'achat ou de vente basées sur des analyses fondamentales ou des recherches chartistes. En général, les investisseurs suivent les conseils qu'ils lisent. Si une très large proportion des lettres recommande d'acheter, on peut supposer qu'une très large proportion des investisseurs achètera effectivement.

La logique continue de la manière suivante.

Il y aura toujours des volumes d'achat et de vente égaux sur le marché. Si la majorité est en position d'acheteur, les vendeurs doivent en moyenne être de plus gros poissons que les acheteurs. Si 90 % d'entre eux sont haussiers, le vendeur moyen sera dix fois plus gros que l'acheteur moyen. Si 95 % d'entre eux sont haussiers, il sera vingt fois plus gros. En d'autres termes, une grosse majorité haussière indique la fin du processus de distribution classique de telle sorte que le marché doit rapidement se retourner.

---

[61] Tvede L., *The Psychology of Finance*, Wiley & Sons, 2000, p. 118.

En fait, la règle principale consiste à faire le contraire de ce que recommandent les agents financiers si la majorité d'entre eux sont d'accord sur les mêmes recommandations.

Le processus d'entropie

Revenons maintenant à notre processus. Selon l'hypothèse de la fractalité des marchés, la distribution des changements des prix est marquée par un petit nombre de larges fluctuations.

Une question se pose donc : si le choc est une conséquence principalement endogène, les larges fluctuations ne seraient-elles pas la conséquence d'un grand nombre de petites fluctuations amplifiées ?

Si tel est le cas, serions-nous en train de relever l'existence d'un troisième processus qui serait à l'origine des petites fluctuations ? Ces fluctuations seraient la conséquence des petits écarts d'évaluation identifiés précédemment[62].

Le passage d'un état L-stable à un état instable est, en fait, le fruit d'un long processus déclenché en parallèle avec le processus L-stable. Le processus parallèle sera qualifié de « **processus d'entropie dynamique des écarts** » ou « processus d'entropie ».

Citons à cet effet le concept d'entropie : ce concept utilisé en thermodynamique est un concept lié au désordre moléculaire, où toute transformation d'énergie sous une autre forme s'accompagne de pertes et cela de façon irréversible.

---

[62] Ce grand nombre de petites fluctuations est différent de celui qui était à la base du processus de Markov, dont les effets, quoique de courte durée, ont été totalement intégrés dans le système.

L'entropie est d'autant plus élevée qu'il y a plus de désordre dans le système ; elle mesure la quantité de hasard que le système renferme.

En finance, l'énergie n'est autre que l'information qui est transformée en valeur boursière immédiatement ou progressivement.

En fait, le processus d'entropie est celui qui va intégrer et accumuler tous les petits écarts survenus (soit les informations ignorées ou perdues) lors de l'évolution des systèmes économiques et financiers. Ces écarts, où le hasard se loge, seront amplifiés au fur et à mesure que les perceptions (subjectives) des investisseurs sont biaisées.

À un certain temps T caractéristique, le hasard atteindra une magnitude qui permettra au processus d'entropie de provoquer de larges fluctuations au niveau du processus L-stable qui sera alors rompu : l'exposant H n'est plus stable et tend vers 0,5.

Ce temps caractéristique n'est pas un facteur constant : il ne peut pas être calculé d'avance car il dépend du moment où le niveau critique est atteint : ce dernier change selon les circonstances. Il est fonction :

- Des attitudes des intervenants :

- Les investisseurs changent avec le temps : chaque cycle voit apparaître une nouvelle catégorie d'investisseurs, car les degrés d'aversion au risque sont différents. Ils sont reliés aux vagues de pessimisme ou d'optimisme qui prédominent selon le cycle en cours.

Par conséquent, il est difficile d'établir des ratios standards[63] constants qui permettraient de prévoir l'occurrence d'un désengagement financier. Les ratios changent suivant la perception des investisseurs et les nouvelles données économiques et financières.

- Les investisseurs n'agissent pas tous de la même façon et, quand ils le font, c'est lorsqu'un extrême de consensus a été atteint.
- De plus, les méthodes psychologiques ne peuvent prévoir de façon précise les réactions des individus face à des chocs et surtout pendant les périodes de panique.

  Par ailleurs, il n'est pas évident d'anticiper l'étendue des répercussions purement financières que ces attitudes (réactions) auront sur le système financier. Autrement dit, les effets boules de neige sont observés où les pertes et faillites peuvent atteindre les particuliers tout comme les sociétés cotées et les banques, et peuvent entraîner la liquidation de fonds, etc.

- ***Des informations cumulées :***

Toutes les informations n'ont pas été intégrées dans le processus autorégressif. Celles que l'on croyait perdues ou ignorées ont été en réalité intégrées dans le processus d'entropie.

À un certain moment, une nouvelle information vient s'ajouter au cumul des informations passées ; elle aura pour effet de créer un choc dans le système financier. Le choc dépend donc en partie de l'importance rela-

[63] Les techniques de gestion se basant sur l'analyse de ratios fixes, comme le PER, se sont avérés souvent trop prématurées.

tive de l'information, mais surtout du niveau critique atteint. C'est la goutte d'eau qui fait déborder le verre. En réalité, ce n'est pas la dernière goutte qui est la cause, mais son cumul avec les autres gouttes du verre. Dans le cas du système dynamique non linéaire financier, le processus est de loin plus rapide, puisqu'il obéit au principe d'échelle.

<u>Les paramètres de la fonction d'entropie :</u>

$$\mathbf{f(e)} = \sum_{i=1}^{n} c_i * [(Ub_i - Uf_i) + I]$$

- **c** est le facteur d'amplification, c'est le degré de consensus atteint ; $-\boldsymbol{\mu} \leq \mathbf{c} \leq +\boldsymbol{\mu}$
  - À titre d'exemple : le degré maximal de consensus atteint $+\mu$ est identifié quand suite à un « momentum » très positif des marchés, la volatilité s'accroît brusquement (effet Noah de la volatilité, voir graphe 4).
  - et la liquidité du système financier se trouve réduite suite à l'élargissement des taux interbancaires (baisse de confiance).

    Tous ces phénomènes psychologiques seront analysés dans les détails dans la partie II.
- **U** est la valeur réelle
- **U (b-f)** est l'écart entre la valeur boursière et la valeur « fondamentale technique »
- **I** est le facteur d'incertitude

Le degré du consensus est égal à $\pm$ **μ** quand un extrême de consensus est atteint. Quand les investisseurs reconnaissent que les écarts par rapport à Ub ne sont

plus justifiés, ils prennent la décision unanime de retourner vers Uf.
C'est le retournement brusque dans le signe du consensus alors que son degré est toujours élevé qui provoque le retournement du marché.
Mais vers quel Uf ? Les avis sont partagés quant à l'évaluation d'Uf.
La tendance sous-jacente ne peut qu'être rapprochée et ne peut jamais être déterminée avec une totale précision. De plus, cette variable ne peut être déterminée à l'avance et ne peut être estimée par le passé puisque le système est sensible aux conditions initiales.
Cette sensibilité rend les modèles techniques et quantitatifs inutiles à ce moment : la tendance a déjà été renversée. L'incertitude s'introduit par l'identification de cette réalité.
Par la suite, le consensus devient partagé, il oscille, la volatilité atteint des niveaux historiquement élevés : un niveau de consolidation, de plateau financier, une sorte de couloir limite la hausse et la baisse des prix boursiers.

Graphe 4
Indice de volatilité du S&P500 (Source : Reuters)

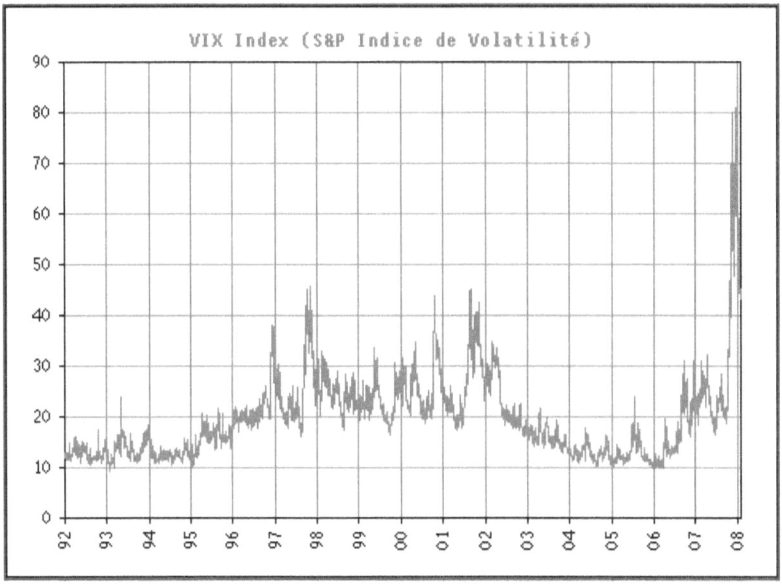

Notons que la forme quantitative attribuée à la fonction d'entropie n'est qu'un croquis, une peinture de la réalité. Une réalité impossible à reproduire pour les diverses raisons citées.

Sur la base de ce modèle, le système économique évolue d'un état complexe à un état oscillatoire plus complexe entre deux équilibres après le désengagement, puis quatre et ainsi de suite.

Ce fait se manifeste à travers le phénomène de bifurcation[64]. Les bifurcations s'établissent au niveau du consensus de marché qui se trouve partagé au fur et à mesure que

[64] Ironiquement on peut dire que les cours sont aussi partagés suivant le principe de bifurcation.

l'incertitude se généralise. Le marché oscille alors entre plusieurs équilibres.

La forme de la courbe de distribution des rendements est très aplatie et les probabilités d'occurrence sont partagées presque également.

Ci-dessous, on a reproduit la courbe de distribution des rendements du Nasdaq 100 entre le 4 janvier 2000 et le 28 janvier 2000.

Graphe 5
Courbe de distribution aplatie

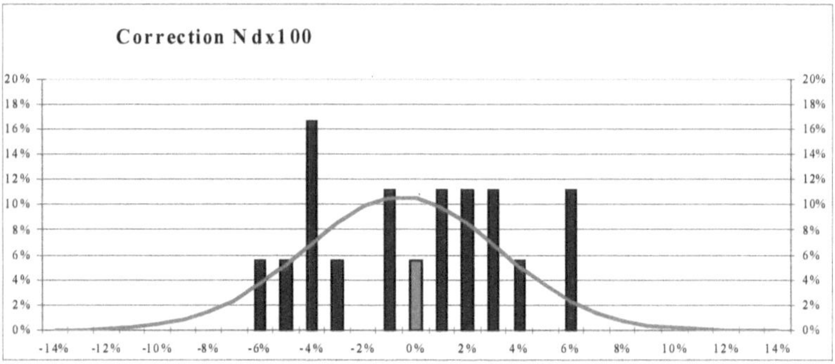

Pendant cette période, les variables prédominantes sont celles de la perception « incertaine ». Le processus rend compte de variables subjectives instables, qui rendent le processus incalculable.

Cependant, une chose reste certaine : un retour au calme s'établira après la « tempête ». Ce retour se fera grâce aux investisseurs à mémoire longue, car ils se diront : si U est vague et incalculable avec exactitude, on dispose toujours des tendances économiques sous-jacentes, l'économie est à la base des systèmes financiers.

4.3. Phase 3 : processus de convergence à l'instant t > T

Grâce à la théorie du chaos, on parvient à identifier un ordre dans un processus dynamique non linéaire régi par l'incertitude. Un ordre est constaté dans la liberté du système, puisque le système est rappelé vers son attracteur étrange. Cette liberté et cette incertitude restent limitées à la nature fractale des séries[65]. **Une valse, une danse organisée, structurée dans l'imaginaire.**

En fait, les fractales retiennent leur dimension quel que soit l'espace où elles sont placées et où elles évoluent. Les séries qui suivent une marche au hasard n'ont pas cette particularité, elles évoluent comme les gaz occupent le volume dans lequel ils sont placés. Ces séries ne présentent aucune structure de corrélation qui leur permet d'évoluer tout en retenant leur dimension, alors que les phénomènes économiques et financiers se répètent, mais à des échelles différentes.

Pour bien comprendre cette nuance, le mieux est de citer ici un extrait de l'ouvrage *Le Chaos,* publié en 1997, du mathématicien Ivar Ekeland, où il note « Admirable et subtil dosage du hasard et de la nécessité !... Voici résolu d'un seul coup toute une armée de faux problèmes concernant la liberté humaine dans un univers déterministe. Nous ne voyons plus, comme Laplace, un ciel dégagé ouvert sur un horizon infini, si clair cependant que nous avons l'impression de pouvoir le toucher. Ce n'est pas non plus un ciel couvert, noyé de brouillard qui arrête notre regard et nous dérobe tout horizon. Ce que nous voyons, ce sont les deux ensemble, comme un

---

[65] B. Mandelbrot note : « Les chroniques paraissent stationnaires, elles montent et descendent dans une marge relativement étroite », (29), p. 165.

ciel de pluie, où les bourrasques nous ménagent quelques échappées vers des horizons lointains chargés de soleil.[66] »

Cependant, malgré l'identification de l'ordre, le processus chaotique reste imprévisible.

Pendant cette période, la structure des corrélations est régie par la dépendance non plus entre les cours, mais est issue des interrelations économiques et financières. Les indicateurs cruciaux sont donc l'évaluation financière fondamentale et la phase des cycles économiques sous-jacents.

Ces mêmes indicateurs étaient à l'origine des écarts où s'est logé le hasard[67]. La combinaison de ces indicateurs constitue des lignes directives générales[68]. En fait, ces indicateurs rappellent l'existence de bases au système financier et se présentent comme un rappel à l'ordre du système fractal : ils sont l'attracteur du système.

Par la suite, une phase de consolidation s'établit dans les marchés. La forme de la courbe devient presque parfaitement symétrique et elle correspond à la courbe de distribution de rendements régis par une loi normale. Ci-dessous, se trouve illustré un exemple de la courbe de distribution du Nasdaq 100 pendant sa phase de transition entre juin et août 2000.

---

[66] Ekeland I., (10), p. 104.

[67] Pour connaître la trajectoire d'un système déterministe, il suffit de connaître sa position initiale. À deux positions initiales différentes correspondent deux trajectoires différentes. Un système est chaotique s'il amplifie si peu que ce soit les écarts initiaux et atteint une liberté quoique limitée à son attracteur. C'est dans l'amplification des petites durations que se loge le hasard.

[68] Qui varient à leur tour suivant la politique économique et monétaire (Fed).

Graphe 6
Courbe de distribution normale

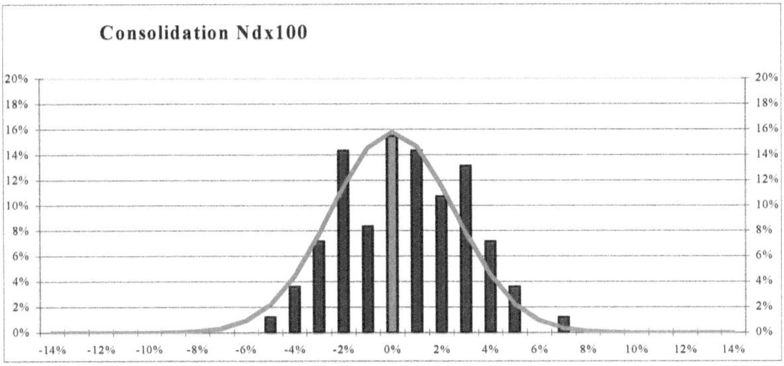

Cette forme s'explique par la convergence de l'exposant H vers 0,5. Mais l'évolution du système ne suit pas une marche au hasard au sens brownien[69]. Le système comporte plusieurs bruits qu'on ne peut pas représenter par un modèle brownien puisqu'on a identifié une mémoire dans le système. La mémoire qui avait gardé et accumulé tous les écarts !

Les concepts perceptifs sont toujours incertains, mais dans cette phase, on peut évaluer l'état psychologique des intervenants. Ces derniers sont soumis aux pressions conséquentes à la phase de choc qu'ils ont subie et à l'instabilité actuelle du marché. En fait, les investisseurs réagissent à n'importe quelle nouvelle et les informations sont presque simultanément intégrées dans les cours boursiers.

<u>Le système apprend et change.</u>

[69] Rappelons la constatation de B. Mandelbrot : « Le caractère cyclique non périodique a donc une source possible dans l'accumulation de changements imprévisibles et purement aléatoires », (29), p. 165.

Il faut qu'un certain laps de temps s'écoule avant de pouvoir identifier la nouvelle tendance du marché et évaluer les nouvelles valeurs des variables quantitatives du processus L-stable qui s'établira à nouveau.

Le tableau 7 reprend toutes les notions précitées et résume le concept de « Noisy Chaos ».

Tableau 4
Le processus « Noisy Chaos »

v	**DÉTERMINISME PARTIEL**	**HASARD SAUVAGE**	**IMPRÉVISIBILITÉ PARTIELLE**
PARAMÈTRES	Effets mémoire identifiés	**Nature fractale du système : auto-affinité**	**Comportement des intervenants :** Le système apprend et change. Temps caractéristique variable
$t < T$[70] H > 0,5 Courbe unimodale	Forte structure de corrélations (H) et relations réflexives favorisent la formation d'un consensus partiel : « trading » technique et convergence des cours vers leur marge « fondamentale technique[71] »	- Persistance des séries. - Processus L-stable autorégressifs - Processus d'entropie en cours - Concepts perceptifs « certains »	Évolution erratique au jour le jour Processus autorégressif markovien.
$t = T$ $H \approx 0,5$ Désordre et incertitude. Courbe bimodale à sommet	- Autodestruction des analyses techniques - Homogénéité des investisseurs et un consensus rationnel général de retour à la	- Larges fluctuations, volatilité maximale - Processus d'entropie	Concepts perceptifs « incertains »

[70] T est le temps caractéristique, identifié par N qui change puisque le système apprend et change.

[71] L'évaluation fondamentale inclut l'évaluation technique, en ce sens que les fondamentalistes tiennent compte des lois économiques (micro et macro) et psychologiques lors de l'évaluation de la valeur fondamentale du prix du sous-jacent. Ex.: « target price ».

très aplati.	valeur fondamentale s'établit. Le marché est instable, il est divisé en deux camps et il est prêt à basculer dans l'un d'eux	amplifié qui rendra les paramètres du processus L-stable instables.	
t > T H ≈ 0,5 Ordre dans le désordre. Courbe en cloche	- Identification de mécanismes fondamentaux qui dirigent les marchés à long terme (cycle économique sous-jacent)	- Convergence des cours vers leur valeur fondamentale. - L'attracteur étrange pose une limite à la liberté du système. - Concepts perceptifs « incertains »	Liberté du système et sensibilité aux conditions initiales à l'origine de la multiplicité des cycles. Puis « retour à la fractalité »

Le système financier au-delà de son temps caractéristique T ne peut être suivi par le calcul ; en revanche, il garde sa nature fractale. Un ordre est constaté dans la liberté du système, puisque ce dernier est rappelé vers son attracteur étrange.

La théorie fractale permet ainsi de décrire le système financier comme étant régi par une dynamique chaotique qui elle-même permet à son tour d'identifier les processus mis en jeu – processus L-stable, processus d'entropie et processus de convergence – et de comprendre l'évolution des séries financières, et ce, afin de définir un nouveau concept financier : le concept du « Noisy chaos ».

Ce concept considère les approches traditionnelles en tant que cas particuliers d'une dynamique plus générale engendrée par le comportement des différentes catégories d'intervenants les mettant en œuvre, ce comportement sera analysé dans la partie suivante.

Partie II
Le processus mental des intervenants financiers

Le chaos économique et financier se traduit par l'imprévisibilité, la nature fractale des systèmes de marchés et la subjectivité des interprétations. Ce dernier élément est le centre d'intérêt de cette partie.

On se concentre ici sur la variable essentielle du processus financier qu'est le comportement humain.

On fait tout d'abord un rappel des principaux concepts perceptifs et des écoles traitant l'élément psychologique de la prise de décision, afin de comprendre le processus mental.

On vérifiera, ensuite, dans un exemple d'application pratique et récent des marchés, les hypothèses d'environnement chaotique et de comportements irrationnels.

Chapitre 5
L'analyse du processus mental

L'étude des concepts perceptifs et de leur évolution s'est faite au fur et à mesure que l'on s'est aperçu de la multiplicité des déterminants de la fonction perceptive.

La diversité des opinions traduit les multiples désaccords entre les spécialistes sur des sujets aussi fondamentaux que l'importance relative du stimulus, l'importance de l'organisme dans la perception et le rôle de l'expérience passée.

Dans ce chapitre, on se contente de montrer l'intérêt porté à la mémoire dans les principales écoles psychologiques.

5.1. Les principaux concepts perceptifs

L'homme perçoit, consciemment et inconsciemment, les objets ou les situations. La prise de décision est la dernière étape de la fonction perceptive. C'est plutôt le résultat de tout un processus perceptif que l'on résume comme suit.

Schéma 1
Les principaux concepts perceptifs

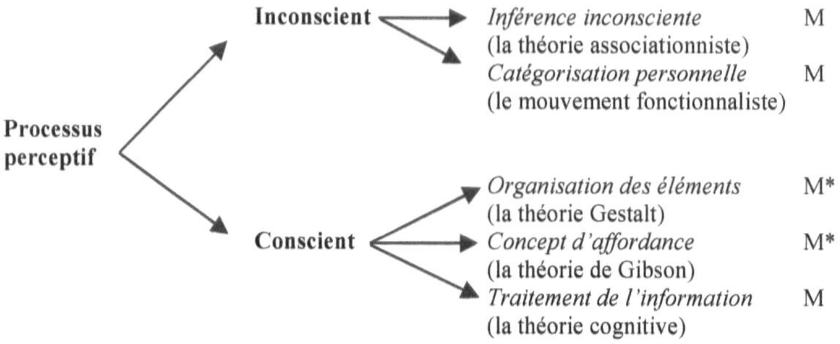

La lettre « M » devant chaque théorie indique si son concept fait intervenir la fonction mémoire en tant qu'élément du processus perceptif, qu'il soit inconscient ou pas.

En fait, la fonction mémoire fait partie de tous les processus, mais à divers degrés. À titre d'exemple, d'après la théorie Gestalt, l'expérience passée intervient quand l'image est floue, et d'après la théorie de Gibson, c'est grâce à la pratique que l'on apprend à déterminer les caractéristiques des objets observés.

Les effets de la mémoire sont présents quel que soit le processus mis en jeu. Ceci affirme l'idée développée dans la partie précédente : il faut tenir compte des effets mémoire afin d'identifier les processus mis en jeu lors de l'évolution des séries financières.

5.1.1. La théorie associationniste

C'est en 1855 qu'Helmholtz expose les théories de **l'inférence inconsciente,** c'est-à-dire l'intervention de l'expérience passée dans la perception. Selon lui, les images qui ont été laissées dans notre souvenir par l'expérience vont se combiner aux sensations présentes pour fournir une notion de l'objet qui va s'imposer à notre perception.

Schéma 2
La théorie associationniste

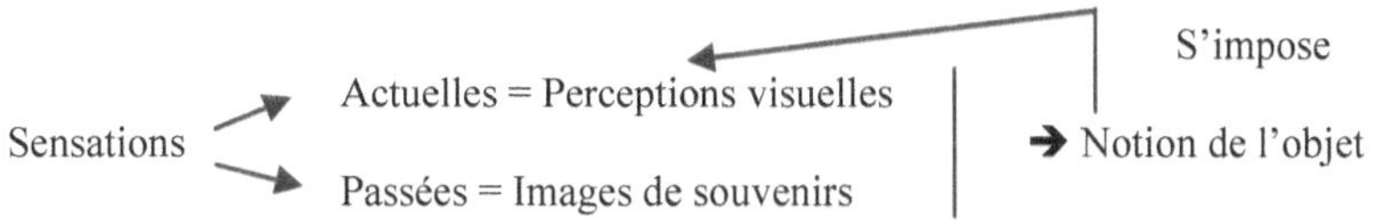

Cela est réalisé par les procédés inconscients de l'association des idées, qui résident dans les parties inexplorées de notre mémoire.

Selon Helmholtz « l'induction est produite par un acte inconscient et involontaire de la mémoire, et elle se présente par conséquent à notre entendement comme une force naturelle étrangère et irrésistible ».

5.1.2. La théorie de la Gestalt ou théorie de la forme

Les gestaltistes ont appliqué à la physiologie du système nerveux leur conception globaliste : le tout dépasse la somme des éléments. **C'est l'organisation des éléments qui détermine notre perception**.

Les gestaltistes ne nient pas pour autant l'influence de l'expérience passée sur la perception, mais selon eux, elle ne crée pas la perception, elle ne fait que lui donner un support lorsque la stimulation est floue, ambiguë, ou insuffisante.

Le cerveau instantanément, spontanément et inévitablement organise tout ce que l'homme perçoit. Souvent les erreurs sont commises lors du processus d'organisation. La théorie Gestalt a permis d'élucider plusieurs points lors l'étude des comportements humains dans les marchés financiers.

5.1.3. Le mouvement fonctionnaliste

Vers la fin des années 1950 sont apparues aux États-Unis plusieurs théories dites fonctionnalistes. Ces théories ont cherché à élargir le champ de la perception pour établir des liens avec d'autres aspects du comportement.

On considérera les caractéristiques de trois de ces théories : la théorie transactionaliste, la théorie sensori-tonique et la théorie de l'hypothèse.

a. La théorie transactionaliste

Cette théorie a été représentée par Ittelson (1960-1964). La perception est conçue comme une transaction ou une sorte d'interrelation ou d'échange entre l'organisme et l'environnement.

En d'autres termes, comme un événement privé. Chaque participant entre dans une transaction de façon différente et à partir de son propre point de vue. Ceci dit, on remarque que même si la perception est un événement personnel, il existe des zones de similitude entre les différentes perceptions individuelles. C'est ce qui rend possible son étude objective.

La perception est tributaire de l'acquis culturel et de l'expérience du sujet. Le monde que le sujet percevant crée pour lui-même est un monde de suppositions.

b. La théorie sensori-tonique

Les promoteurs de cette théorie sont Heinz Werner et Seymour Wapner[72]. Ceux-ci ont cherché à mettre en évidence le fait que la perception concerne en fait tout l'organisme.

L'idée de base est que la perception n'est pas d'origine exclusivement sensorielle, mais qu'elle a une base « tonique ». Les auteurs iront même jusqu'à parler de « viscéro-tonique », puisque nous percevons à la fois avec nos sens, nos muscles et nos viscères. Ces composantes sensorielles et toniques sont indissociables et constituent l'état orgasmique.

c. La théorie de l'hypothèse ou « Directive State Theory »

Cette théorie représentée en particulier par les travaux de Bruner et Postman correspond en fait à l'intégration d'autres travaux dont ceux d'Allport (1955). Selon eux, un sujet perçoit essentiellement en fonction de ses besoins, ses valeurs, ses tensions, ses défenses, sa personnalité et de ses expériences passées. Ce sont tous ces facteurs qui constituent l'état central directeur.

Selon Allport, la théorie se résume en six hypothèses.

- Les besoins corporels tendent à déterminer ce qui est perçu. La perception est améliorée par l'effet de récompense (par exemple, la réalisation de gains boursiers).

- La récompense et la punition associées à la perception d'objets tendent à déterminer ce qui est perçu. Ce phénomène est observé dans les diverses situations qui conduisent au mimétisme chez les professionnels.

[72] Werner H., Wapner S., Bruell J.-M., « Experiments on Sensory-tonic field theory of perception », *Journal of Experimental Psychology*, 1953, p. 46, 293-299.

- Les valeurs caractéristiques d'un individu tendent à déterminer la vitesse de reconnaissance des mots (par exemple, un investisseur professionnel est plus apte à comprendre les aléas de la Bourse qu'un investisseur inexpérimenté).

- La valeur qu'un objet prend pour un individu tend à déterminer la grandeur de cet objet. Les valeurs sont généralement d'ordre social.

- La personnalité d'un individu le prédispose à percevoir les choses d'une manière conforme à ses caractéristiques personnelles. Ces caractéristiques sont relatives à l'ego.

- Les stimuli verbaux troublants ou menaçants tendent à requérir un temps de reconnaissance plus long que les mots neutres. Ici, on peut mettre en évidence les effets des médias qui ont tendance à influencer les comportements des individus différemment selon le ton et l'importance accordée à une information particulière et sa répétition.

Cette approche définit la perception comme un processus en 3 étapes :

- la formulation d'hypothèses sur le stimulus ;
- la cueillette d'informations sur ces hypothèses ;
- l'acceptation ou le rejet de l'hypothèse.

On peut définir ainsi un certain nombre de facteurs qui déterminent la force de l'hypothèse et donc sa « probabilité » d'être choisie. La perception dépend de la confirmation passée. Plus une attente a été confirmée dans le passé, plus grande est sa force.

Contrairement aux autres théories entrevues, la théorie de l'hypothèse ne se limite pas à la perception de l'espace, de la dimension ou de l'organisation ; elle aborde le domaine de la perception de l'identité d'une forme (objet ou mot).

En 1958, Bruner parle à ce propos de catégorisation perceptive, et **ce processus de catégorisation sera défini comme inconscient et fondé sur l'expérience antérieure.** On retrouve en cela la notion d'inférence inconsciente de Helmholtz.

5.1.4. La théorie de Gibson

La théorie de Gibson[73] (1950-1977) présente plus d'affinités avec la théorie de la Gestalt qu'avec les théories fonctionnalistes. Tout comme les gestaltistes, Gibson rejette la distinction entre sensation et perception. Cependant, il n'accepte pas l'idée que le passage de l'information sensorielle au percept se fasse par le processus d'organisation et refuse aussi de considérer la perception comme une construction à partir d'indices.

La théorie de Gibson est centrée sur la perception correcte qui, pour lui, est la seule, ce qui l'amène à préciser que lorsque l'information devient floue on quitte le « perceiving » pour le « guessing ».

[73] Gibson J. J., *The Theory of Affordances in Shaw R et Bransford J. Ed. Perceiving, Acting and Knowing*, John Wiley & Sons, 1977, p. 67-82.

Schéma 3
La théorie de Gibson

Perception ==

- **Floue** → Guessing
- **Correcte** → C'est une prise de contact avec l'environnement qui ne requiert aucun processus d'organisation de l'information, puisque cette organisation existe déjà dans le stimulus.

La fonction perceptive se résume dans le fait d'appréhender l'information organisée. Cette capacité se développe quand l'individu devient, **par la pratique**, de plus en plus apte à détecter les traits caractéristiques des objets ainsi qu'à en extraire les propriétés générales.

Enfin, pour intégrer les aspects valeur et signification du stimulus dans la perception, il propose en 1977 le concept « d'affordance » qu'il définit comme suit : « **L'affordance d'un objet est une combinaison spécifique des propriétés, de sa substance, et de ses surfaces, en fonction du sujet percevant.** »

5.1.5. Les théories cognitives

a. La théorie de Neisser

À la conception d'une prise d'information organisée, Neisser[74] (1967-1976) oppose une notion de traitement de l'information qui lui paraît être complémentaire. Il souligne l'importance de l'expérience passée et des facteurs non per-

[74] Neisser U., *Cognitive Psychology*, Appleton-Century, 1967.

ceptifs, en donnant un rôle prédominant à l'anticipation, aux attentes, et au « schéma » dans le processus perceptif. Il décrit le processus comme cyclique et comme suit : **par l'exploration, le sujet extrait l'information pertinente de l'information disponible contenue dans l'objet**.

Il en résulte une modification du schéma inné et élémentaire qui, en retour, pourra diriger différemment l'exploration.

Schéma 4
La théorie de Neisser

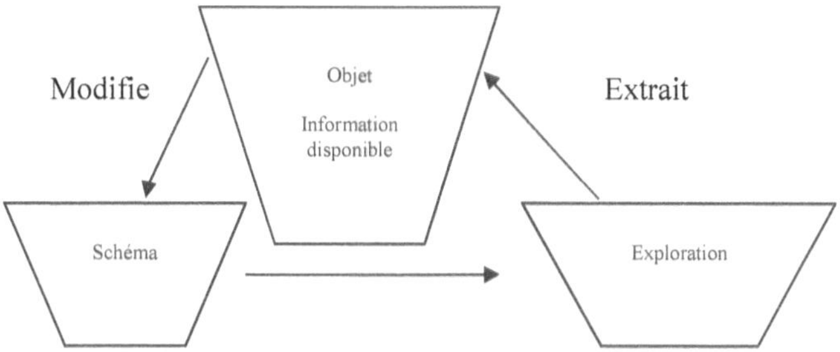

Tout comme Gibson, Neisser insiste sur l'importance de la signification dans la perception. Mais au lieu de supposer cette signification contenue dans l'objet, concept « d'affordance », il l'attribue au schéma.

b. La théorie du traitement de l'information

Cette théorie se base sur les travaux de Haber (1969) et de Broadent. La perception y est définie par opposition à la théorie de Gibson, comme **un processus se déroulant dans le temps**. Cette approche implique trois postulats :

- la réponse n'implique pas une connaissance immédiate du stimulus ;

- le système réceptif est **limité dans sa capacité de traitement de l'information** ;
- la perception ne peut être étudiée indépendamment des processus mnémoniques puisque, à toutes les phases de traitement de l'information, il y aurait comme dans la mémoire, préservation et recodage de l'information.

Le tableau 5 suivant résume les notions du concept perceptif par catégories.

Tableau 5
Écoles et phénomènes psychologiques

Behaviouriste	**Gestalt**	**Cognitive**	**Psychanalyse**
Théorie du prospect	Attitude de défense de l'ego	Séparation mentale	Désordre de personnalité incontrôlable / Borderline
	Phénomène de comparaison sociale	Biais confirmatif	Désordre de personnalité tourmentée et embarrassée
	Effet de la conviction	Théorie du regret	Trouble de personnalité
	Effet de propagation	Comportement d'overconfidence	Personnalité déprimée
	Attitude autoréalisatrice	Anchoring	Personnalité narcissique
	Attitude de connaissance	Le phénomène de disjonction	Désordre de personnalité avoidant
	Théorie sensori-tonique	Perception sélective	
	Effet du faux consensus	Exposition sélective	
		Anchoring	
		Syndrome Touchy feely	
		Comparaison sociale	

5.2. La prise de décision : les heuristiques et la logique floue

Un grand nombre de recherches sur la manière de prendre des décisions face à des situations complexes a été fait dans deux domaines séparés : la psychologie behaviorale et la logique floue.

La psychologie behaviorale est une école qui, partant d'évidences empiriques, a défini des « règles » appelées heuristiques sur lesquelles se basent les individus pour prendre leur décision.

Quant à la logique floue, c'est un modèle mathématique qui permet de « formuler quantitativement » la prise de décision.

En réalité, ces deux écoles de pensées sont complémentaires. On verra par la suite que les concepts de l'école behaviorale sont basés sur les principes de la logique floue.

5.2.1. La psychologie behaviorale

La psychologie behaviorale essaie d'expliquer comment les gens approchent leurs problèmes et prennent leurs décisions.

Les concepts de l'école behaviorale partent de l'observation que les individus n'agissent pas devant les situations complexes ou floues comme ils le devraient, c'est-à-dire rationnellement en appliquant les lois de la probabilité.

La plupart du temps, les règles qui sont appliquées sont des heuristiques[75]. Ces heuristiques sont des stratégies simplifiées que les gens utilisent souvent pour traiter leurs problèmes.

---

[75] Kahneman D. et Trevsky A., « Subjective Probability : A Judgment of Representativeness », *Cognitive Psychology* n°3, 1972.

Les gens ne savent pas quand et dans quelles circonstances ils doivent considérer les lois de la probabilité au lieu des lois heuristiques.

Ci-dessous les trois catégories principales d'heuristiques sont définies.

- **Les heuristiques de résonance :** selon cette règle, l'individu accorde plus de « probabilités » aux événements qui lui sont **familiers**, et ce, surtout quand l'image est floue.
  L'effet de résonance effective des mots et de sa combinaison avec la familiarité des mots est ici très important. Les seuils d'identification des mots critiques sont plus élevés que ceux des mots de référence neutres. Par exemple, les investisseurs financiers craignent beaucoup plus les marchés suite à une correction que suite à une longue période haussière.

- **Les heuristiques représentatives :** dans ce cas, les décisions sont prises après le classement de la situation actuelle par rapport à une situation **similaire** passée. L'erreur se produit quand l'individu accorde plus d'importance à l'information description qu'à l'information probabilités d'occurrence. Par exemple, pendant les périodes d'euphorie les investisseurs accordent plus d'importance à l'information « évolution positive des cours » qu'à l'information « hausse des taux d'intérêt » et qui se traduit statistiquement par une chance sur deux de se retrouver dans une période de récession dans les six mois à venir.

- **Les heuristiques de référence** : ici, les décisions sont prises après l'identification de la situation actuelle par rapport à un **point de référence**.

Ce point de référence doit être donc choisi avec la plus grande prudence et doit être continuellement réévalué. Par exemple, l'indice Dow Jones des industries (DJI) n'est plus comme en 1930 l'indicateur de la santé de l'économie américaine. En réalité, des indicateurs plus valables et représentatifs, dans les conditions économiques actuelles, seraient les indices willshire5000 (indicateur utilisé par la Fed) et le S&P500.

En réalité, les gens confondent entre les règles probabilistes et heuristiques et finissent par appliquer les principes de la logique floue.

5.2.2. La logique floue

D'après la logique floue, les individus classent les objets pour pouvoir les identifier. Le processus de classification s'établit à travers l'identification de similarités entre l'objet ou la situation observée et l'ensemble des objets ou les situations gardées en mémoire.

Dans un ensemble classique binaire, un élément a une valeur équivalente à 0 ou 1. En d'autres termes, un élément appartient ou pas à un ensemble. Le problème se pose quand il s'agit de classer un élément qui appartient partiellement à un ensemble. Prenons comme exemple l'ensemble des personnes minces qui représente ceux dont le ratio du « Weight mass index [76] » est inférieur à 20. Selon la définition des ensembles classiques, une personne avec un ratio de 18 serait classée dans l'ensemble des personnes minces, mais si son ratio était de 22,5, ferait-elle partie des personnes ayant un

[76] Weight mass index est un ratio calculé par la formule simple suivante : WMI = Poids/(Taille)^2.

poids obèse ? Le concept classique des sous-ensembles ne permet pas de résoudre ce genre de questions.

En 1965, Lotfi Zadeh[77] décide alors d'introduire la notion de fonction d'appartenance partielle à un ensemble, qu'il nomme ensemble flou, afin d'adapter la théorie des ensembles aux situations complexes : la fonction d'appartenance définit la similarité d'un élément par rapport à l'ensemble. En ce sens, on pourrait placer un élément sur une échelle entre 0 et 1 avec toutes les valeurs fractionnaires entre ces chiffres.

Plus spécifiquement, soit **X** un ensemble de références avec plusieurs classes. Chaque classe est un sous-ensemble de **X**. Prenons une classe **A** :

- Un sous-ensemble classique de **X** est défini par une fonction caractéristique x_A qui prend la valeur 0 pour les éléments de X n'appartenant pas à A, et la valeur 1 pour les éléments de X appartenant à A.
- Un sous-ensemble flou de X est défini par la fonction d'appartenance qui associe à chaque élément x de X, le degré $f_A(x)$ compris entre 0 et 1 avec lequel x appartient à A.
  D'où, $\mathbf{x_A : \quad X \rightarrow \{ 0 ; 1 \}}$
  $\mathbf{f_A : \quad X \rightarrow [0 ; 1]}$

  Donc, un sous-ensemble classique est un cas particulier du sous-ensemble flou.
  Les cas extrêmes des sous-ensembles flous de X sont respectivement :
  - X lui-même associe à une fonction prenant la valeur 1 pour tout élément de X ;
  - Ø associé à f_x nulle pour tout élément de X.

[77] Zadeh L., « Fuzzy Sets », *Information and Control* n°6, 1965.

Règles générales			
A	=	Degré d'appartenance à l'ensemble A	$0 \leq A \leq 1$
1-A	=	Complément de A	
Min (A, B)	=	Intersection des ensembles A et B	
Max (A, B)	=	Union des ensembles A et B	

En effet, la logique floue permet de généraliser la théorie des ensembles où la notion de complément d'un sous-ensemble est bien différente. Ainsi, un élément peut appartenir à un sous-ensemble et à son complément en même temps, et ce, à des degrés d'appartenance dont la somme est égale à 1.

Les ensembles flous et les probabilités : ces deux concepts sont assez différents, car chacun d'eux mesure un aspect différent du niveau d'incertitude contenu dans un ensemble.

La fonction d'appartenance est une fonction qui permet de décrire un état complexe. Un élément est comparé ou est similaire à l'élément idéal, c'est-à-dire, celui qui a un degré d'appartenance égal à 1. Par conséquent, l'addition de nouveaux éléments ne changera pas la fonction d'appartenance.

Alors qu'une fonction de probabilité change quand on lui ajoute de nouveaux éléments, puisqu'elle dépend des fréquences des éléments la composant.

Dans le domaine de l'économie et de la finance, il est utile de rappeler l'observation de Kahneman et Tversky[78]. Ces derniers ont constaté que certaines questions (quelles sont les chances que la Fed hausse les taux d'intérêt dans les prochains mois ? Est-ce qu'une période de récession est en train

[78] Kahneman D. et Trevsky A., « On the Psychology of Prediction », *Psychological Review* n°80, 1973.

de s'amorcer ?) ne peuvent avoir des réponses exactes. Ainsi, en disant qu'on a 70 % de chances que la récession ait déjà commencé, on dit simplement que le degré d'appartenance des conditions actuelles des marchés économiques et financiers est de 0,7 avec l'ensemble « Récession ». En d'autres termes, les conditions actuelles sont similaires à 70 % aux conditions des récessions passées.

Ceci dit, si l'on revient à l'exemple précédent du ratio poids, le problème est résolu comme suit : une personne avec un ratio de 22,5 appartiendrait à 50 % à l'ensemble des personnes minces et à 50 % à l'ensemble des personnes ayant un poids obèse, donc son poids est idéal à 100 %, comme on peut le voir sur le graphe suivant.

Graphe 7
La fonction d'appartenance

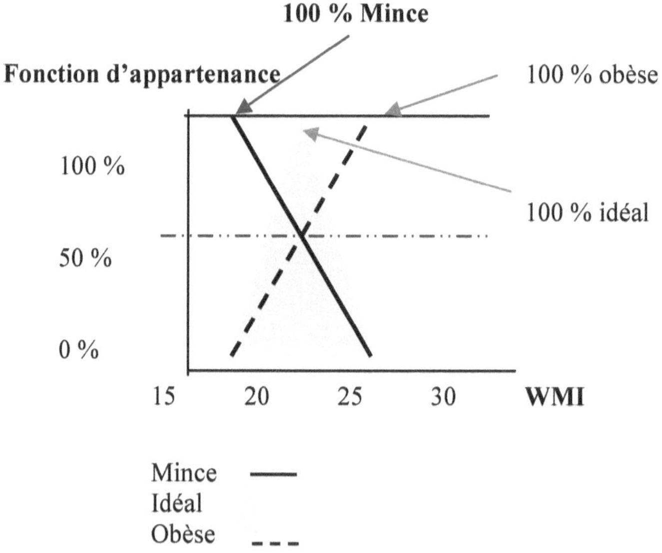

Par ailleurs, on peut dire que les analystes se basent sur la logique floue quand ils doivent formuler leurs avis concernant une action et la classer. Ainsi, si un analyste considère un indicateur comme le PER égal à 25 comme étant le point de référence pour qu'une action appartienne à l'ensemble « Action à acheter », une action avec un PER égal à 30 serait classée « Action à acheter avec modération » puisque son degré d'appartenance au premier ensemble est de 60 %.

5.3. La compréhension du processus mental

Les théories des concepts perceptifs et celles de la prise de décision sont complémentaires. Car elles peuvent être mises en jeu successivement ou parallèlement. Quand il s'agit d'analyser les marchés financiers, les investisseurs ont donc tous les moyens pour aboutir à une décision !

Les processus conscients et inconscients fonctionneront l'un après l'autre ou en même temps selon le cas, et les erreurs peuvent se produire à n'importe quelle étape du processus global de perception, comme on le décrit au schéma 5 de la page suivante.

Schéma 5
Compréhension du processus mental

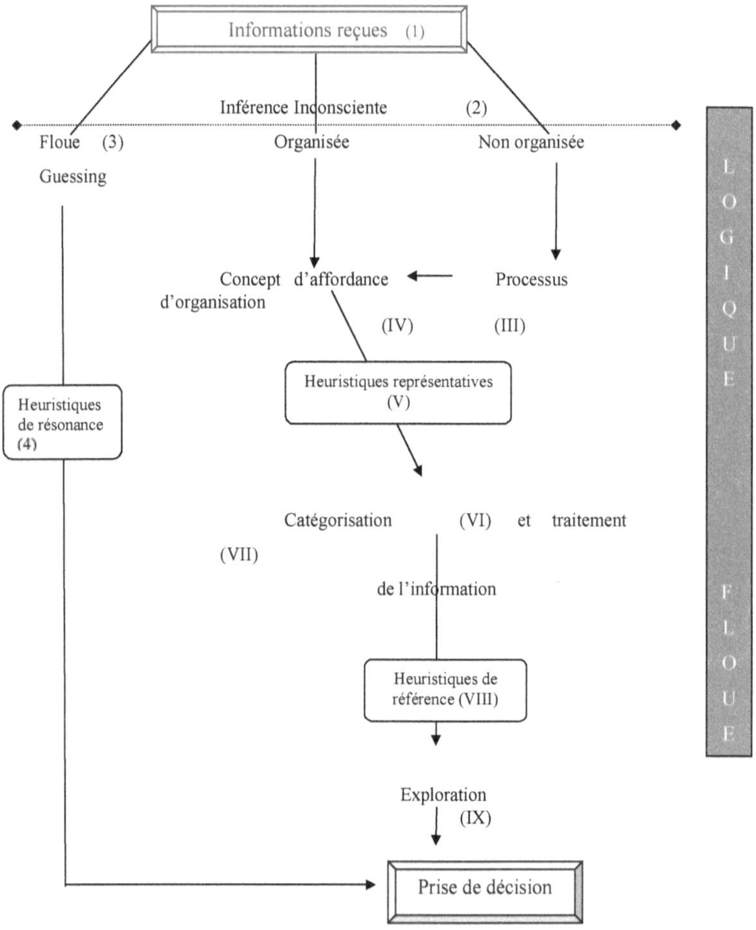

Dès leur réception, les informations (1) sont immédiatement et inconsciemment perçues selon le processus d'induction ou inférence inconsciente (2) décrit par Helmotz. L'investisseur va associer les informations reçues aux informations qui résident dans les parties inexplorées de sa mémoire afin de dégager les notions concernant ces informations. Par la suite,

- Si une information est toujours floue (3), il va lui associer un fort degré d'appartenance aux événements familiers qu'il connaît et qui lui conviennent. Son comportement est alors biaisé puisqu'il se base sur l'heuristique de résonance (4) pour prendre sa décision.

- Si la notion dégagée de l'information est claire, il cherchera à s'en assurer en organisant (III) les éléments qui la composent. Notons à ce niveau que les erreurs qui peuvent être commises sont des erreurs de « rationalité relative » à chaque individu, en ce sens qu'un investisseur organise les éléments suivant sa propre perception. Par exemple, un spéculateur ne procédera pas de la même façon qu'un gérant de fonds indexé sur l'indice S&P100.

- Au processus d'organisation succède ensuite celui de l'affordance (IV), qui consiste à appréhender l'information. Ce processus permettra à l'investisseur d'identifier l'information en fonction de l'organisation des messages, de leur importance, de leur fiabilité, et de leur signification... En somme, en fonction des messages que l'information transmet et de l'importance accordée à chaque message. Les capacités développées afin d'appréhender l'information organisée dépendent de l'expérience et du niveau de professionnalisme de l'investisseur. Ceci met en évidence la différence fondamentale qui existe entre les investisseurs professionnels et individuels. Les professionnels ont évidemment un avantage considérable par rapport aux particuliers, puisqu'ils sont capables de détecter rapidement l'importance des informations reçues, et d'en extraire les messages appropriés. Alors qu'un particulier pourrait accorder, à tort, plus d'importance aux messages descriptifs – influencés par l'information descriptive « les cours sont toujours en hausse » ; l'investisseur augmente encore plus ses investissements boursiers. Ceci résulte en un comportement biaisé, tel que décrit dans le cas d'application des heuristiques représentatives (V).

- Après avoir identifié l'information, l'investisseur va procéder à sa catégorisation et à son traitement. Le processus de catégorisation (VI) sera fait en fonction de ses besoins, de ses valeurs, de ses tensions, de ses défenses, de sa personnalité et de ses expériences passées. Là aussi les professionnels sont avantagés. En ce sens qu'ils ne sont pas facilement influencés par le ton médiatique de l'information.[79]

- Le processus de traitement (VII) qui s'ensuivra dépendra de la capacité de l'investisseur à recoder l'information suivant un point de référence qu'il aurait choisi. Par exemple, le consensus du marché. Le processus de traitement met, aussi, en évidence les capacités des professionnels à traduire les messages en tant qu'éléments dans leurs analyses afin de procéder à l'exploration de ces messages. Mais, le problème se pose quand, par exemple, les gérants de portefeuille, soumis à la pression d'indexation de leurs portefeuilles, doivent suivre le consensus du

---

[79] Mais si un grand nombre d'investisseurs se laissent influencer et que cela se répercute sur les cours de façon flagrante, ils prennent en considération les conséquences de l'effet médiatique.

marché, même s'ils ont un avis différent. Pour ne pas être « punis » au cas où leurs analyses s'avéreraient erronées, ils doivent appartenir à un « troupeau » qui n'est autre que le consensus du marché. Leur comportement est alors biaisé (heuristique de référence [VIII]) puisqu'ils ont choisi un point de référence qui ne rend pas compte de la santé réelle du marché et pire encore le consensus, quand il se généralise, devient un bon indicateur de renversement à venir de la tendance.

- Finalement, notre investisseur va pouvoir extraire les messages pertinents contenus dans l'information selon le schéma (concept d'exploration [IX]) qu'il s'est lui-même créé et va prendre sa décision.

La prise de décision dépend de la perception de chaque investisseur. Elle dépend aussi de phénomènes exogènes qui finissent par influencer, de gré ou de force, le comportement de l'investisseur.

Prenons comme exemple les professionnels.

L'expérience a appris aux professionnels de garder leur sang-froid. Mais parfois ils finissent par être emportés par le « phénomène de masse », que Lars Tvede[80]décrit bien dans son livre *The Psychology of Finance*, en notant que l'humeur particulière de quelques investisseurs envahira progressivement le marché pour devenir un mouvement de masse qui se transformera pour finir en une hystérie collective. Ce phénomène révèle les faiblesses de l'être humain d'une manière embarrassante…

Par ailleurs, les recherches psychologiques prouvent que lorsque l'individu est soumis au stress, les effets atténuateurs

---

[80] Tvede L., (50), p. 31.

et stabilisateurs des mécanismes d'attitudes sont fortement réduits, ce qui peut provoquer des changements d'attitudes rapides.

Ainsi, face à une situation d'incertitude et d'incompréhension, la stratégie originale est déviée. L'investisseur particulier, tout comme l'investisseur professionnel, finit bien souvent par changer de stratégie.

Une question se pose donc : les analystes économiques sont-ils aussi irrationnels lors de la préparation de leurs rapports ?

Les analystes n'ont pas d'intérêt direct sur les marchés financiers. Ils cherchent à voir les choses objectivement et proposent des stratégies rationnelles. Ils se basent sur des données économiques ; ce ne sont pas des investisseurs qui, même avec des données contradictoires par rapport aux prévisions s'obstinent dans leurs idées et convictions.

Ainsi, un bon nombre d'erreurs qui auraient pu être commises lors du processus perceptif global sont éliminées : au niveau de l'organisation, car les analystes sont des professionnels en la matière, au niveau de la catégorisation, car ils n'agissent pas suivant leurs émotions et leur personnalité est difficilement influencée par les rumeurs, les médias.

Mais tous les facteurs subjectifs susceptibles de créer un comportement biaisé chez les analystes financiers ne peuvent être éliminés. À titre d'exemple, rappelons qu'afin de préserver leur crédibilité, leur stratégie est de ne pas trop s'écarter du consensus du marché même s'ils sont persuadés que le consensus est erroné. Par ailleurs, leurs travaux et recommandations sont souvent utilisés par les banques et les courtiers qui les emploient pour susciter de nouveaux ordres de la clientèle sur le marché, ce qui ne facilite pas une totale objectivité. De plus, ils peuvent facilement commettre des erreurs pour justifier leur précédente analyse, etc.

L'analyse du processus mental a finalement permis de répondre aux questions souvent posées telles que : comment expliquer les comportements des investisseurs ? Quelle logique suivent-ils ?

La réponse est possible : la logique que les investisseurs suivent n'est autre qu'une logique floue.

Au chapitre suivant est présenté un exemple pratique qui permet de comprendre comment les concepts perceptifs étudiés se retrouvent dans la réalité, et comment les hypothèses d'environnement chaotique peuvent être justifiées.

Chapitre 6
Les comportements des intervenants financiers dans un environnement chaotique : le Nasdaq 100 du 19 octobre 1999 au 12 janvier 2001

Les comportements humains sont souvent biaisés ; ils sont la conséquence des erreurs commises lors de l'évolution du processus de la perception.

Il est indispensable de rappeler que l'on trouve généralement dans les comportements des investisseurs plusieurs éléments, qui sont :

- **Les attitudes de défense de l'ego** : l'investisseur adapte ses attitudes en fonction des décisions qu'il a déjà prises. Ainsi, s'il est déjà investi sur les marchés, son attitude sera d'affirmer que le marché offre une opportunité de gains rapides, en raison non pas des rendements à long terme des actions, mais du fait que les cours grimpent.
  Cet effet est la conséquence du comportement biaisé des investisseurs qui appliquent l'heuristique de représentation, puisqu'ils accordent de l'importance à l'information description (les prix qui grimpent) et prennent leurs décisions en ce sens.
- **Les phénomènes de comparaison sociale** : quand l'image que l'investisseur perçoit du marché est floue,

il ne sait plus si la tendance récente du marché va continuer. Ne disposant pas des outils ni des capacités lui permettant de formuler son propre jugement, il va avoir recours à l'analyse faite par le marché.
Autrement dit, il jugera le comportement du marché, c'est-à-dire le consensus, comme une source d'information pertinente. Ainsi, les investisseurs cherchent en observant leur environnement une aide à la prise de décision, ils copient donc l'action des investisseurs qu'ils jugent plus expérimentés et mieux informés. Généralement, il se dit : les autres savent sûrement quelque chose que j'ignore ! Et ceci renforce, encore plus, le consensus.

- **Les effets de la conviction** : ces effets se traduisent par le fait que les investisseurs sont convaincus plus facilement par la nature de la source d'informations confirmant la hausse (baisse) du marché que par les arguments et analyses mettant en évidence les faiblesses (forces) du marché.
  Cette source peut être l'évolution récente des cours boursiers, les médias ou les sociétés de courtage.

- **Les effets de propagation** : l'investisseur a tendance à penser que l'évolution actuelle des cours devrait persister. En ce sens que, si les cours montent, son sentiment est que leur progression devrait se poursuivre. L'effet de propagation explique bien la persistance observée dans l'évolution des séries financières et affirme l'existence d'une forte structure de corrélation entre les cours, caractérisée par l'exposant de Hurst - $H > 0,5$.

Ce rappel étant fait, on étudiera, par la suite, le marché boursier américain entre le 19 octobre 1999 et le

12 janvier 2001 afin de tenter de vérifier, dans la pratique, comment se retrouvent les concepts perceptifs étudiés.

À cette fin, on utilise l'indice des technologies : le Nasdaq 100. Cet indice est en fait un bon candidat pour expliquer l'évolution d'un système chaotique. L'indice de volatilité du S&P100 (VIX) est analysé en parallèle puisque c'est un très bon indicateur journalier du niveau de nervosité du marché boursier.

Le graphe 8 suivant illustre l'évolution des cours de l'indice. On peut relever 3 phases et 9 sous-phases pendant cette période successivement on constate :

- La ***phase d'euphorie*** **:** c'est la phase qui inclut les phases d'accumulation, de correction technique, de spéculation, et de filtrage.
- La ***phase de transition*** **:** c'est la phase qui inclut les phases de désengagement, de baisse 1, de consolidation, et d'élimination.
- Enfin, ***la nouvelle tendance du marché*** caractérisée par une phase baissière ou « Bear-market ».

Graphe 8
L'indice Nasdaq 100 du 19 oct. 1999 au 12 janvier 2000 : le cycle

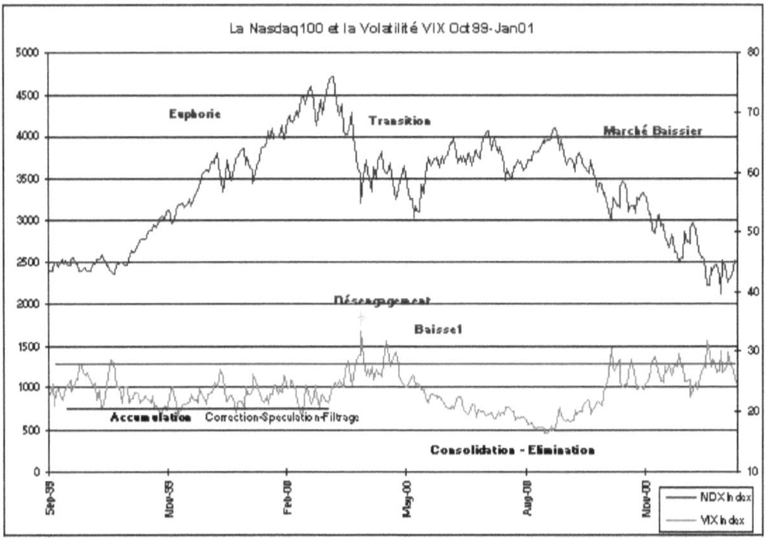

Plus spécifiquement, les comportements observés pendant les différentes phases de cette période sont les suivants.

6.1. Phase d'euphorie : 19 oct. 1999 – 10 mars 2000

Chaque cycle économique voit apparaître une bulle financière. Cela survient normalement en fin de cycle ou lorsque la phase expansionniste s'étire un tant soit peu, comme ce fut le cas en mars 2000. Dans ce qui suit, on essaiera essentiellement d'identifier cette phase.

La myopie collective observée pendant la phase d'euphorie est la conséquence logique du comportement irrationnel de l'homme qui donne plus d'importance aux informations qui viennent satisfaire son avidité et ses désirs.

On peut observer successivement, les sous-phases suivantes.

6.1.1. Phase d'accumulation : 19 oct. 1999 – 3 janv. 2000

Les cours commencent à monter modifiant progressivement la perception d'autres intervenants. La hausse des cours renforce la tendance sous-jacente et conduit à un optimisme croissant.

Ainsi, du 19 octobre 1999 au 3 janvier 2000, l'indice Nasdaq (NDX100) des technologies américaines progresse de 2 362 points à 3 790 points soit une progression de 60,45 % en 53 jours ouvrables ! Dont 39 jours positifs ou 74 % et 5 jours négatifs ou 9 %. Le ratio des jours positifs et négatifs est élevé à 7,8 (tableau 7).

Comme on peut le constater dans le graphe 9a, la courbe de distribution des rendements est unimodale, mais elle n'est pas symétrique. Elle est légèrement décalée vers la droite et présente une queue de distribution longue étirée vers la gauche. La forme de la courbe traduit le fait que des pertes soient toujours possibles quoique peu probables.

La moyenne des distributions est d'environ 1 %, l'écart type est faible à 0,0165, quant à la volatilité, elle est faible et elle varie entre 22 et 25 % (tableau 6).

Graphe 9a
Courbe de la distribution des changements de prix : accumulation

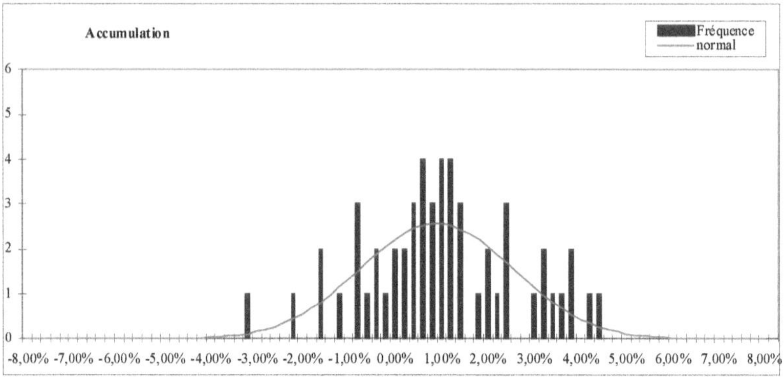

Tableau 6
Moyenne et écart type par période et volatilité par période

Période	**Moyenne**	**Écart type**
Euphorie 1	0,89 %	1,65 %
Spéculation	0,99 %	2,31 %
Consolidation	0,02 %	2,53 %
Filtrage	-0,33 %	3,62 %
Correction	-0,53 %	3,74 %
Baisse 2	-0,81 %	4,28 %
Baisse 1	-0,54 %	4,95 %

Période	**Marge de volatilité en %**
Consolidation	18-25
Euphorie 1	22-25
Spéculation	22-30
Filtrage	22-30
Correction	22-30
Baisse 2	26-35
Baisse 1	27-35

Tableau 7
Ratio des jours positifs / négatifs par période

Période	Négatifs	Zéro	Positifs	Ratio jours +/-
Spéculation	21 %	3 %	76 %	3,67
Euphorie 1	9 %	17 %	74 %	7,80
Baisse 1	47 %	0 %	53 %	1,13
Consolidation	35 %	15 %	50 %	1,45
Correction	44 %	6 %	50 %	1,14
Filtrage	45 %	5 %	50 %	1,11
Baisse 2	50 %	14 %	36 %	0,72

Pendant cette période, tout dans l'environnement militait en faveur d'une poursuite du mouvement : l'abondance des liquidités, les prévisions favorables des résultats des entreprises et les perspectives de croissance économique sans inflation.

Cette hausse est accentuée par :

- De nouveaux investisseurs qui ont adopté une **attitude autoréalisatrice** et qui de plus ont une **personnalité narcissique** : lorsque la hausse du marché dure depuis un bon moment, son évolution conduit bien souvent à une « contamination sociale ». Pendant cette période, les indices de popularité de la Bourse et des courtiers fluctuent parallèlement au cours des actions. Ainsi, investir en Bourse devient un phénomène de mode, un style de vie qui permet aux individus d'impressionner et de prouver qu'ils peuvent accomplir avec succès une autre tâche en parallèle avec leur travail quotidien.

- Des investisseurs, prêts à racheter les actions vendues, à des prix plus bas dès que le marché corrige. Ce comportement s'explique par un **désordre de personnalité « avoidant »**, où les investisseurs reviennent constamment sur leurs erreurs afin de les « corriger ». Ainsi, ils placeront à l'avance des ordres d'achats aux prix où ils avaient précédemment vendu, sans prendre en considération les nouvelles données du marché. En réalité, ils deviennent, inconsciemment, victimes de leur ego.

6.1.2. Phase de correction technique : 4 janv. 2000 – 28 janv. 2000

L'effet potentiel du comportement « overconfident » observé pendant la période d'euphorie est le renforcement de la tendance haussière. Quoique, à un certain moment, la hausse conduit à une correction boursière. Cette dernière est provoquée par des investisseurs qui jugent raisonnable de prendre leurs profits.

En janvier, on assiste à des prises de profit sur les marchés avec un indice Ndx100 qui oscille entre 3 790 et 3 446 (soit une marge assez raisonnable de 344 points ou 9 %).

Le ratio des jours positifs et négatifs redescend à 1,14. La marge de fluctuation de la volatilité augmente à 30 % et l'écart type des distributions augmente à 3,74 %. Tout cela explique l'aplatissement du sommet de la courbe de distribution des rendements pendant cette période, comme on peut le constater dans le graphe 9b.

Graphe 9b
Courbe de la distribution des changements de prix : correction

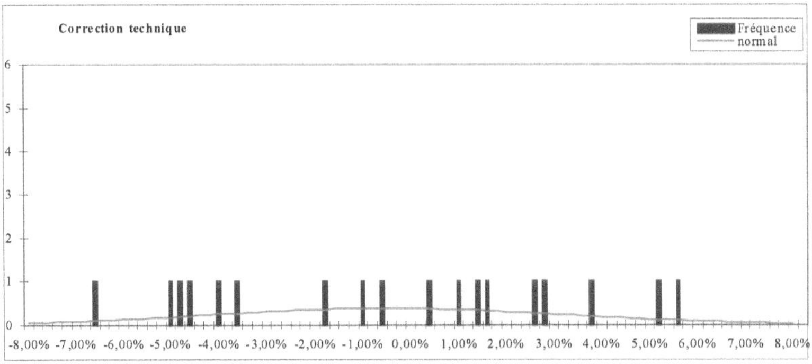

Entre-temps, on observe les comportements suivants :

- **Théorie du prospect** : les investisseurs sont moins prédisposés à risquer les profits potentiels que les pertes potentielles. Cette tendance explique la hausse du volume des transactions journalières dans un marché haussier. Les gros volumes sont en fait la conséquence des nombreuses fois où des prises de profits sont réalisées et qui entraînent une correction momentanée des marchés.

- **Séparation mentale** : les investisseurs ont tendance à distinguer entre les positions détenues dans leur portefeuille. Ainsi, ils clôturent les opérations gagnantes et laissent ouvertes les positions perdantes, croyant que la perte se corrigera bientôt en gain. Cette croyance s'explique en psychologie par le phénomène du **biais confirmatif** : les conclusions sont excessivement biaisées par ce que les individus veulent croire.

- **La théorie du regret** : les investisseurs essayent d'éviter les opérations qui confirment le fait qu'ils aient commis une erreur de gestion. La perte non réalisée n'est qu'une perte comptable ou « paper loss », à moins qu'ils n'y soient forcés (par exemple suite à des appels de marge).

6.1.3. Phase de spéculation : 31 janv. 2000 – 10 mars 2000

Le 2 février, la Fed décide d'augmenter les taux d'intérêt américains d'1/4 de point, alors que le marché craignait une hausse de 50 points de base : les corrections bien absorbées, le biais positif est renforcé. La hausse des cours qui se poursuit conduit à une hausse auto-entretenue.

Le 10 mars, le Ndx100 enregistre un nouveau record à 4 587 points, soit une hausse de 33 % en 28 jours.

Le ratio des jours positifs et négatifs est à nouveau élevé, mais cette fois-ci de 3,67 seulement, avec 76 % de jours positifs et 21 % de jours.

La moyenne des distributions des rendements est aux alentours de 1 %, et l'écart type a baissé à 2,31 %, mais reste supérieur à la période d'euphorie de 1999.

Graphe 9c
Courbe de la distribution des changements de prix : spéculation

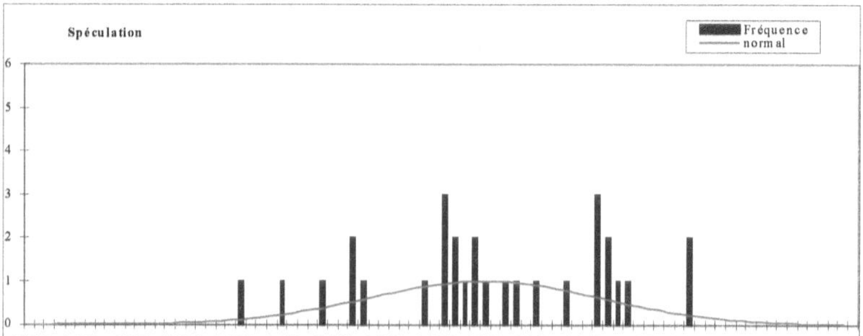

Tant que le marché monte, les investisseurs peuvent réaliser rapidement et facilement des profits. Mais le problème se pose quand la majorité des investisseurs se croient performants.

- Ils décident alors d'augmenter leurs investissements boursiers en utilisant leur levier financier sans même être conscients des risques associés. Ceci explique, par ailleurs, la hausse des volumes des transactions pendant les périodes d'euphorie. Cette attitude est élucidée par le **comportement d'overconfidence** qui se traduit par le fait que les investisseurs surestiment leurs capacités à prendre les bonnes décisions.
- En réalité, les décisions sont influencées par les informations choisies en ce sens lorsqu'elles confortent leurs pensées et justifient leurs comportements. Ce phénomène est connu en psychologie par le terme **anchoring.**

À cet instant, l'évolution des cours devient une source d'information incontestable. Elle donne une indication de la valeur économique des actions. Les investisseurs sont alors certains que la hausse des cours est une information suffisante pour investir sur les marchés, ignore ainsi les appels à la raison lancés par les analystes économiques qui eux entrevoient une détérioration de la tendance sous-jacente.

Pendant ces périodes d'euphorie, les investisseurs sous-estiment la montée de la prime de risque, et, tant que les prix montent, le sentiment du marché demeure positif.

En fait, l'information à laquelle les investisseurs décident d'accorder le plus d'importance guide le marché : on assiste, d'une part, à une confrontation entre les analystes économiques qui cherchent en vain à ramener les investisseurs à la raison et, d'autre part, les conseillers des firmes de courtage qui ne cessent de multiplier les recommandations d'achat et d'augmenter les prévisions de résultats ou « target-price ». Finalement, c'est l'avidité et la soif de gains rapides qui l'emportent.

Les investisseurs craignent en effet de rater la hausse des marchés et accordent peu de probabilité à la possibilité de retournements rapides des cours. Par conséquent, le biais s'accroît plus rapidement que la tendance sous-jacente : l'écart U (b-f) s'amplifie.

Plus précisément, l'interprétation de l'information se trouve biaisée par :

- **Les attitudes de connaissance :** généralement, les investisseurs traitent l'information en résumant toutes les données en une attitude simple de connaissance. Par exemple, « les actions doivent continuer à monter ». Ils s'épargnent ainsi l'étude exhaustive du pour et du contre. Et, en même temps, ils immunisent leurs attitudes en les liant aux normes et aux sources acceptées.
- **Les effets médiatiques et la sensibilité des participants :**
  Exemple : **« <u>The CNBC effect</u> »**
  Visitez n'importe quelle salle de marché et vous trouverez une télévision branchée sur la CNBC. La foule suit la chaîne CNBC et les professionnels par conséquent. Cette chaîne n'est pas la meilleure source d'informations des experts, mais elle est la meilleure source d'informations du grand public ou du « trading public ».

Si les fluctuations des cours peuvent elles-mêmes inciter les gens à vendre ou à acheter et, si en plus ces fluctuations sont accompagnées et stimulées par le ton médiatique des journalistes financiers, le nombre des transactions boursières s'accroît exponentiellement.
Il est donc fondamental pour les professionnels de suivre les médias qui influencent le grand public, afin de suivre leurs actions[81].
Connaissez-vous le « CNBC effect » ? Cet effet a lieu quand la foule réagit aux informations partagées « entre » la foule via la CNBC. En pratique, le « CNBC effect » peut s'expliquer comme suit : les investisseurs particuliers recherchant une raison quelconque pour « trader[82] » le marché et disposant de peu d'outils techniques pour suivre les marchés, ils s'en remettent, alors, aux « *tidbits* [83] » lancées par la chaîne.
L'effet de la CNBC a surtout lieu pendant les périodes d'euphorie du marché. Période pendant laquelle les catégories d'investisseurs sont diverses – des gros gé-

[81] Keynes J. M., *The General Theory of Employment, Interest and Money*, Hartcourt, 1936., p. 156, décrit la boucle de feedback positive entre les professionnels et le grand public dans sa célèbre métaphore du concours de beauté où il compare la Bourse avec les concours entre les journaux américains où chaque concurrent tente de sélectionner la photo qui selon lui sera préférée parmi une centaine de portraits de jeunes femmes. « La question n'est pas de choisir, selon sa propre opinion, les photos qui sont réellement les plus jolies ni même de sélectionner celle que l'Américain moyen considère comme la plus jolie. Nous avons ici atteint le troisième degré où nous consacrons notre intelligence à anticiper ce que le grand public pense être l'opinion du grand public. »
[82] Dans le jargon des opérateurs, trader décrit une activité de transaction qui est clôturée le même jour (achat-vente, vente-achat).
[83] Rumeurs, échos, informations non justifiées…

rants de fonds, aux investisseurs professionnels, en passant par les particuliers employés et les retraités.

- **Attitudes des journalistes et analystes financiers : manipulation non intentionnée ?**
  Ci-dessous est présentée une liste non exhaustive des phénomènes psychologiques qui pourraient altérer la perception des journalistes et leur audience.
    - **Les attitudes d'adaptation** : les journalistes financiers appartiennent à des groupes sociaux auxquels ils s'identifient.
    - **Les dissonances cognitives** : il est probable que les journalistes ignorent les informations qui critiquent et désavouent la tendance actuelle ou qui pourraient mettre en cause leurs articles et analyses précédents.
    - **Les erreurs d'assimilation** : les journalistes ont tendance à mal interpréter l'information pour confirmer qu'ils ont toujours raison.
    - **Les confirmations du biais** : les jugements des journalistes sont biaisés par ce qu'ils veulent croire. Autrement dit, ils veulent toujours croire qu'ils ont raison et que rien n'a changé, même si de nouvelles données affirment le contraire.
- **Effet de « framing » ou d'orientation.**
  L'effet d'orientation a lieu quand des changements dans les préférences, entre plusieurs options, sont fonction des variations dans les contextes. Les variations s'effectuent bien souvent à travers les variations dans la formulation du problème. Le seul fait d'écrire un article positif, avec un certain ton ou une tournure optimiste, sur les marchés financiers pendant sa phase

haussière, poussera les lecteurs à augmenter leurs investissements.
Lars Tvede[84] explique bien cet effet dans l'exemple suivant :
Supposons que vous avez un choix médical à faire ;

- Dans un premier cas, la formulation est faite dans le contexte suivant : 200 personnes sur 600 seront sauvées quelle que soit l'option choisie.
- Dans un deuxième cas, la formulation est la suivante : 400 personnes sur 600 vont mourir quel que soit votre choix.
  Les expériences menées ont montré que dans le premier contexte les gens choisissent une option alors que dans le second ils évitent de faire un choix.

6.2. Processus de « filtrage » et vague d'angoisse : du 13 mars 2000 – 7 avril 2000

À un certain moment, on assiste au « carnage » du cours de certaines actions et de certains indices (sectoriels). Cette baisse s'explique par le processus de « filtrage » qui se déclenche suite à :

- La chute des actions puis des secteurs les plus fragiles. Généralement, les secteurs[85] les plus vulnérables sont ceux dont l'évolution positive récente des prix ne peut plus être justifiée par un marché euphorique qui commence à remettre en cause l'avenir de leur technologie.

---

[84] Tvede L., (50), p. 125.
[85] Exemple le secteur de la biotechnologie.

- Ensuite, le nombre des indicateurs économiques affirmant un réchauffement économique et donc la détérioration future de l'environnement financier se multiplie. Les investisseurs commencent donc à craindre l'augmentation des taux d'intérêt de 50 points de base par la Fed lors de sa prochaine réunion qui se tiendra le 21 mars.

Autrement dit, une vague d'angoisse commence à se faire sentir.

Le Ndx100 chute en moyenne de 3 % par jour entre le 13 mars et le 15 mars. Le 21 mars la Fed n'augmente les taux d'intérêt que d'1/4 de point. Cette action réconforte le marché à nouveau.

Le marché reprend son souffle : les anticipations devenues exagérément optimistes, la vague d'angoisse est trop faible pour dominer la vague d'optimisme qui règne sur les marchés.

La hausse des cours conduit à un optimisme croissant : le 24 mars 2000, l'indice baromètre des valeurs technologiques, continuait à se moquer des plus sceptiques en enregistrant un nouveau record à 4 816 points. La progression se chiffrait à 104 % depuis le 19 octobre ! Les gains sont élevés, déjouant parfois tous les paramètres traditionnels.

Par ailleurs, malgré les nombreuses mises en garde face à ce que l'on peut appeler une exubérance voire une frénésie boursière, la confiance en une hausse perpétuelle des cours boursiers demeure profondément ancrée dans la croyance populaire.

Le phénomène de disjonction : les investisseurs évitent de changer leurs attitudes et par conséquent leurs stratégies, avant d'avoir de nouvelles données. Par exemple, à la maturité des contrats futurs, si l'investisseur est perdant, au lieu de clôturer définitivement sa position, il la reporte sur une nouvelle échéance. Cette technique s'appelle « Roll over des futures ».

En réalité, à ce stade, on assiste à la dernière hésitation des investisseurs avant le retournement du marché. Les investisseurs espèrent toujours l'arrivée de bonnes nouvelles pour pouvoir défendre leur ego et y chercher confort. À cette fin, ils ont recours aux comportements sélectifs suivants :

- **Perception sélective :** inconsciemment, ils interprètent mal l'information pour défendre leurs stratégies.
- **Exposition sélective** : cherchant à se réconforter, ils vont s'exposer uniquement aux informations qui valident leurs positions. Ils vont par ailleurs développer inconsciemment les mêmes attitudes que les personnes auxquelles ils s'identifient. Cette attitude est celle de l'adaptation. Parallèlement, ils vont surestimer le nombre de personnes qui partagent leur avis, créant ainsi **l'effet du faux consensus.**

Ce qui étonne, c'est qu'on ne voyait à aucun moment la fin de cette euphorie qui frôlait l'hystérie.

En fait, on était entré dans ce que l'on appelle une bulle financière. La Bourse se nourrit d'elle-même par l'arrivée constante de liquidité à la recherche de rendement. Il en résulte des pressions provoquées par un déséquilibre entre l'offre et la demande qui pousse les multiples de marché à la hausse.

La capitalisation de l'ensemble des entreprises inscrites à la cote de la Bourse de New York représente désormais plus de 100 % du PIB américain, du jamais vu depuis 1929. Quant au ratio cours-bénéfice du marché, il dépasse désormais en moyenne 150 fois les résultats prévus pour l'an 2001 !

L'investisseur paie toujours plus cher pour qu'un dollar de bénéfice par action continue de croître. Jusqu'à ce qu'en fin de compte, certaines catégories d'investisseurs décident de se retirer du marché. Ces catégories sont en premier lieu les gros gérants de fonds[86] et les particuliers qui sont sous le choc des premières grosses pertes réalisées.

Ainsi, la détérioration de l'environnement financier n'est plus une fiction, ni une prévision faite par certains analystes conservateurs ; la détérioration est en train de se concrétiser.

Entre le 28 mars et le 30 mars, le Ndx100 baisse de 4 704 points à 4 250 points, soit de 10 %. Les investisseurs tout comme les médias identifient cette baisse à une simple correction boursière due à des prises de profit, puisque le 31 mars, le marché récupère 3,4 % pour clôturer à 4 397 points.

Le lundi 3 avril, le marché chute de 7,6 %. Les transactions programmées contribuent à la détérioration de la situation en transformant un léger repli en une correction de plus de 10 %. Ces mouvements sont pour la plupart reliés à un simple jeu d'écarts entre les primes sur options et contrats boursiers à terme et le cours des actions sous-jacentes ou au déclenchement automatique d'ordre de vente lorsqu'un cours cible est atteint.

Ainsi le 4 avril, le marché chute de 4 077 points à 3 450 en intra-day, soit une fluctuation journalière de 13 %, pour clôturer à 4 034 points.

Le vendredi 7 avril, le Ndx100 clôture à 4 291 en hausse de 4,9 %. Les investisseurs respirent à nouveau ; après tout, la semaine se termine positivement pour un marché devenu désormais instable.

---

[86] Ex. : Abby Cohen désengagement le 28 mars 2000.

En fait, on peut vérifier d'après la courbe de distribution des rendements, dont le sommet s'est aplati à nouveau, que le marché est en pleine phase de correction.

Le ratio des jours positifs et négatifs est de 1,11. On a 44 % de rendements négatifs et 50 % de rendements positifs.

L'écart type a augmenté à 3,6 %. Mais cette fois-ci les données fondamentales sont devenues extrêmement pessimistes.

Une question se pose donc : cette correction correspond-elle à une correction tout simplement technique ?

Graphe 9d
Courbe de la distribution des changements de prix : filtrage

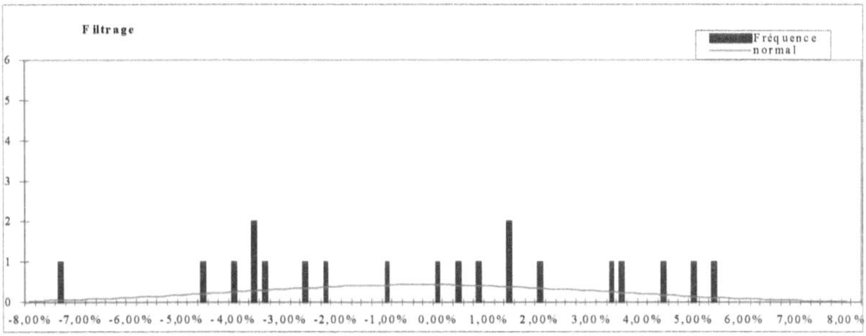

En fait, c'était la dernière hésitation avant le retournement final. De gros investisseurs avaient déjà commencé à liquider leurs positions afin de réduire la part des allocations en actions dans leur portefeuille.

6.3. Processus de désengagement financier… Krach : 10 avril 2000 – 14 avril 2000

L'accumulation des signes d'un renversement de tendance et d'un durcissement des conditions monétaires finit par provoquer une correction rapide des cours boursiers. Progressivement, l'angoisse finit par l'emporter.

C'est comme si on assistait à un opéra ! À un certain moment, un bruit de fond se fait entendre et nous dérange, mais on l'ignore, tellement on est pris par la musique. Mais, au fur et à mesure que le temps passe, le bruit s'intensifie pour devenir finalement le seul et unique son audible… C'est le krach !

Les investisseurs réalisent que la correction observée sur les cours boursiers n'est pas celle identifiée auparavant. La correction est plus grave, elle ne semble pas passagère et progresse pour toucher tous les secteurs.

Le lundi 10 avril 2000, jour du krach, le volume des actions échangées est énorme et bat des records, le Ndx100 affiche une chute de 7,08 % et clôture cette fois-ci sous la barre psychologique des 4 000 points à 3 998.

L'effondrement réel se produit alors, les 4 jours qui suivent sont un réel « carnage ». Les cours fluctuent avec une grande amplitude et les autorités prennent la décision de suspendre la cotation de quelques actions. Les suspensions successives des cotations aggravent encore plus la situation, puisqu'elles créent un problème de liquidité momentanée.

En plus, les systèmes de computer trading d'arbitrage entre le futur d'un indice et son panier d'action correspondant dégorgent des flux d'ordre automatiques de vente « stop loss » lorsqu'un prix cible est atteint, puisque le cours des contrats futurs se décale largement et peut tomber jusqu'à 20 % en dessous des cours des actions sous-jacentes.

Entre-temps, les comportements suivants sont constatés :

- **Comparaison sociale** : la panique déclenchée envoie un signal clair de la situation critique des autres intervenants financiers et économiques, ce qui influence le reste des investisseurs qui finissent par changer leurs attitudes. La panique se généralise.

- **Théorie sensori-tonique** : la pression crée des réactions métaboliques qui renforcent l'escalade de la panique. Soumis au stress, les investisseurs commencent à liquider leurs positions.
  La liquidation fait chuter encore plus les cours boursiers et cette chute accroît encore plus les appels de marges, qui provoquent de nouvelles vagues de liquidation. Le stress se généralise et atteint même les investisseurs qui jusque-là n'ont pas encore assumé de pertes.
  Le stress va provoquer des changements rapides d'attitudes, qui résulteront en de nouveaux ordres de vente qui provoqueront une autre chute des cours. Et ainsi de suite, on observe des attitudes qui changent et des prix qui s'effondrent.
  Cette situation met les nerfs à l'épreuve et les investisseurs commettent alors facilement l'erreur décrite par Carl Clausewitz[87], « exposé sur la ligne de front du feu d'informations nous croyons soudainement que les conditions sont différentes des prévisions originales ».
  En d'autres termes, un bon nombre d'investisseurs adoptent habituellement des stratégies qui tiennent compte des équilibres à long terme. Mais de temps en

[87] D'après le théoricien militaire prussien Carl Von Clausewitz dans *Vom Kriege*.

temps ces stratégies sont rejetées quand les investisseurs perdent confiance dans le marché et dans son avenir. L'incompréhension des événements externes provoque une panique qui se généralise.

Pendant le krach, on assiste à un ***effet d'avalanche*** : plus le nombre d'investisseurs qui se rappellent des avertissements et commencent à y accorder une importance s'accroît, et plus le marché baisse. On assiste alors à une incapacité de la part des investisseurs à distinguer entre différents risques c'est ***le désengagement financier***.

Le marché emporte toutes les actions qu'elles soient sur ou sous-évaluées. « It's a house of card no matter how you sack it. They stand all together and fall together[88]. »

Le marché chute sans relâche minute après minute et personne n'a la moindre idée du moment où il s'arrêtera.

Le vendredi 14 avril, le Ndx100 clôture à 3 205 points, soit une baisse de 1 086 points, ou 23 % en 5 jours !

6.4. Le marché après le krach

6.4.1. Phase de transition

a Tendance baissière 1 : 17 avril 2000 – 31 mai 2000

La période qui suit celle du krach est marquée par des fluctuations erratiques.

Le graphe représentant cette période fait penser à celui d'un graphe intraday, sauf que cette fois-ci la marge de fluctuations est assez large. Le Ndx100 fluctue dans un canal baissier et chute de 7,2 %.

---

[88] Schultz H. D., *Bear market investment strategies*, Dow Jones-Irwin, USA, 1981, p. 20.

En réalité, aucun consensus ne peut être déduit pendant ce temps, les participants sont perdus. L'humeur peut être positive un jour, puis négative le lendemain suite à une quelconque nouvelle. Les investisseurs n'arrivent plus à prendre de décisions et à s'en tenir, sans les revoir et les analyser plusieurs fois.

Quand les marchés financiers s'effondrent, la confiance en soi et dans les marchés est remise en question. La seule information pertinente est le rendement négatif des prix. De plus, les appels de marges augmentent le volume des ventes journalières et accentuent le trend baissier.

Le 16 mai, suite aux divers indicateurs laissant présager une croissance économique plus forte, la Fed décide d'augmenter, cette fois-ci, les taux d'intérêt de 50 points de base. Le marché baisse alors les jours suivants de 3 646 points à 3 023 points.

Le 24 mai, le Ndx100 casse la deuxième barre psychologique des 3 000 points, mais clôture en hausse à 3 180 points. Les investisseurs hésitent pendant quelques jours à valider ce support et finalement se décident à racheter le marché.

Le 30 mai, le Ndx100 grimpe de 9,6 % à 3 414 points.

Pendant cette période, la courbe de distribution des rendements est bimodale. C'est-à-dire que les rendements tendent à se distribuer autour de deux moyennes distinctes. Comme on peut le constater sur le graphe 9e.

Graphe 9e
Courbe de la distribution des changements de prix : baisse 1

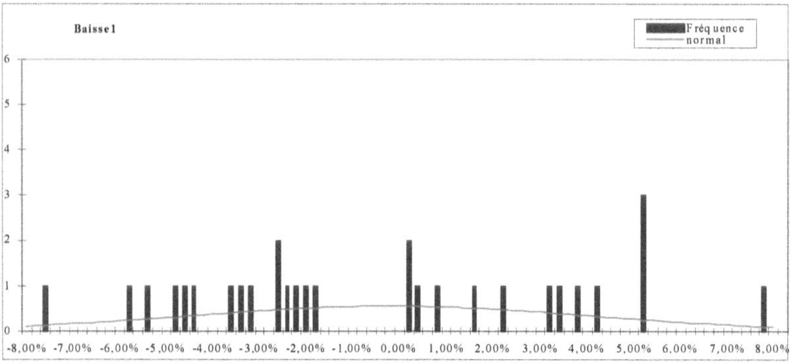

Ceci s'explique par la volatilité élevée pendant cette période. La marge de fluctuations de la volatilité est de 27 %-35 %, reflétant l'incertitude des marchés.

En fait, les investisseurs sont divisés en deux camps, hésitant entre deux scénarios, pouvant passer brutalement de l'un à l'autre. On constate d'après la distribution des rendements qu'il n'y a aucune probabilité d'avoir un rendement de 0 %.

L'écart type de la distribution est élevé à 4,9 % et le ratio des jours positifs et négatifs est de 1,13. En réalité, les investisseurs espèrent toujours un rebond technique suite à l'arrivée d'informations confirmant que l'inflation n'est pas à un niveau alarmant et que l'économie américaine est sur le point d'effectuer un « soft landing ».

b. Phase de consolidation : 1er juin 2000 – 29 sept. 2000

Entre le 1er juin et le 29 septembre, le marché oscille entre 3 477 et 4 099 points, sans jamais casser le support psychologique des 3 000 points. Mais le marché ne parvient pas, non plus, à casser la barre des 4 000 et à y rester au-dessus, alors qu'il la teste à quatre reprises.

Pendant cette période, le ratio des jours positifs et des jours négatifs devient égal à 1,45 %. Soit sur les 84 jours on a 42 jours de hausse (50 %) et 29 jours de baisse (35 %). La courbe de distribution est à nouveau unimodale.

Les investisseurs évaluent de façon rationnelle leurs niveaux d'équilibre sans se laisser influencer par les autres. La courbe de distribution des rendements présente une moyenne de 0,02 %, un écart type de 2,53 % et, une volatilité assez faible fluctuant entre 18 % et 25 %.

Graphe 9 f
Courbe de la distribution des changements de prix : consolidation

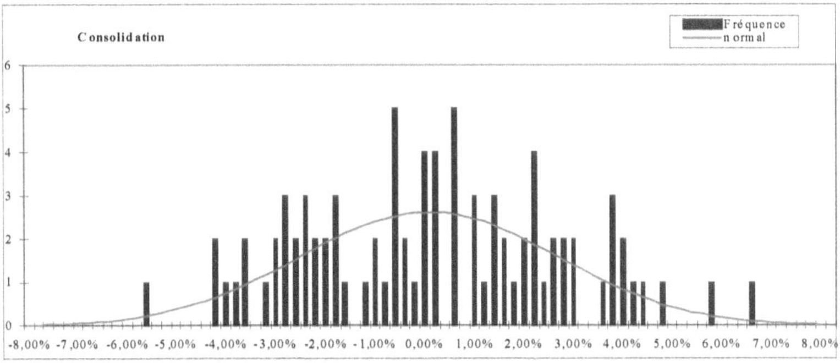

Les investisseurs restent sur leur garde dans un environnement incertain : la nervosité continue jusqu'à ce que le marché commence son processus d'élimination.

En réalité, c'est quand le marché n'est plus aussi sensible aux informations, que la tendance pourra être à nouveau infinie, combien de temps faut-il attendre ? C'est l'énigme des marchés !

c. Processus d'élimination : septembre 2000

1. Élimination des actions grâce aux processus de filtrage : la moindre information négative, quelle que soit son importance et même si elle concerne une seule société fait couler tout son secteur.

2. Élimination des catégories d'investisseurs successivement : cette élimination va débuter par les appels de marge qui vont affecter surtout les investisseurs du court terme et les spéculateurs…

3. Élimination de toutes les données qui peuvent affecter négativement le marché, peu importe leur importance et l'étendue de leurs effets potentiels : en septembre 2000, il fallait s'assurer que la baisse du prix du baril de pétrole était définitive et évaluer les conséquences de la chute de l'euro qui avait créé une incertitude relative à la période de déclaration des profits.

Pendant cette phase, la saison de « pre-anouncement (earnings/warnings) » est une excuse pour que tout le monde liquide ses positions alors que, pendant la phase euphorique, cette saison était une bonne excuse aux achats massifs et aux spéculations haussières.

Par voie de conséquence, en septembre, le Ndx100 chute de 4 099 points à 3 570 points, soit de 13 % en 20 jours.

Le ratio des jours positifs et des jours négatifs est à nouveau inégal mais cette fois-ci on a 14 jours négatifs, soit 70 %. La courbe de distribution serait-elle en train de se modifier ? Le consensus du marché commençait effectivement à pencher vers le côté négatif.

Cette période est prolongée et amplifiée par les comportements que les individus adoptent. Les attitudes suivantes sont observées :

- **Désordre de personnalité incontrôlable / borderline** : les investisseurs sont constamment en train de repenser leur plan d'actions et ne peuvent se relaxer.
- **Désordre de personnalité tourmentée et embarrassée** : les investisseurs sont obsédés par le moindre détail.
- **Trouble de personnalité** : ils sont possédés par l'idée d'avoir
  - . Été trompé ou manipulé : par les sociétés de courtage qui avaient mal anticipé les profits des entreprises ou par les compagnies qui ont leurré les actionnaires[89], ou par les gros investisseurs qui dirigent le marché et pourraient le revendre à n'importe quel instant.
  - . Commis des erreurs : les questions qu'ils se posent incessamment sont du genre : a-t-on bien analysé le secteur ? Il y a sûrement un point qu'on a négligé. Ainsi, ils n'arrivent plus à développer des stratégies à long terme et les positions sont clôturées à profit où à perte.

    Les investisseurs sont influencés par n'importe quelle information, même si elle n'affecte pas leur stratégie. Ainsi, ils finissent par développer le symptôme de **personnalité déprimée :** en ce sens qu'ils sont souvent insatisfaits et préoccupés même s'ils sont en train de bien gérer leur portefeuille.

Le 2 octobre 2000, la Fed se réunit, les commentaires du président A. Greenspan sont pessimistes compte tenu de la

---

[89] Par exemple : divulgation fictive du futur du secteur.

poussée de l'inflation alimentée par la hausse du prix du pétrole !

De même, la faiblesse de l'euro face au dollar américain affecte les marges des multinationales. On assiste alors à une série de « profit warnings » de la part de ces multinationales.

6.4.2. Nouvelle tendance… Tendance baissière : 2 oct. 2000 – 12 janv. 2001

Suite à ces événements se met en place plus ou moins brutalement le schéma inverse dans lequel la baisse des cours des actions, la détérioration de la tendance sous-jacente et l'évolution du biais se renforcent l'un l'autre.

Le 30 octobre, le marché finit par casser le support technique des 3 450 points qui n'est plus soutenu par aucune information fondamentale. Le Ndx100 progresse alors dans un canal baissier. Le consensus est tombé du côté négatif. Les participants attendent les élections, avec l'espoir d'un nouveau flux de liquidité[90] si le candidat républicain est élu.

Le 8 novembre, les élections ne sont pas finies, la situation est devenue compliquée, l'incertitude est énorme. Le Ndx100 chute de 7 % !

Ce n'est que le 13 décembre que Bush est élu président des États-Unis, mais déjà la vague pessimiste s'est emparée du marché. En décembre, le nombre des sociétés ayant annoncé des profits warnings remonte à 96, ce chiffre n'était que de 28 en 1999 ! Les participants jugent que seule une réduction des taux d'intérêt lors de la prochaine réunion de la Fed peut sauver la situation des sociétés américaines et modifier l'humeur du marché.

[90] Puisque ce dernier planifiait la réduction des taxes.

Le 19 décembre, la Fed décide de garder les taux d'intérêt inchangés. Le Ndx100 chute de 5,8 %, le lendemain, un nouveau plancher est enregistré pour l'année à 2 340 ! En baisse de 34 % depuis le 29 septembre, soit en 63 jours.

Le ratio des jours positifs et des jours négatifs est de 0,72 donc dans la balance négative : 23 jours de hausse (36 %) et 31 jours de baisse (50 %).

La courbe de distribution est unimodale décalée vers la droite et présente une queue de distribution longue étirée vers la gauche, traduisant le fait que, malgré la tendance baissière, des gains[91] soient toujours possibles. Mais la forme de la courbe est aplatie puisque la volatilité est élevée, fluctuant entre 27 % et 35 %.

Graphe 9g

Courbe de la distribution des changements de prix : tendance baissière

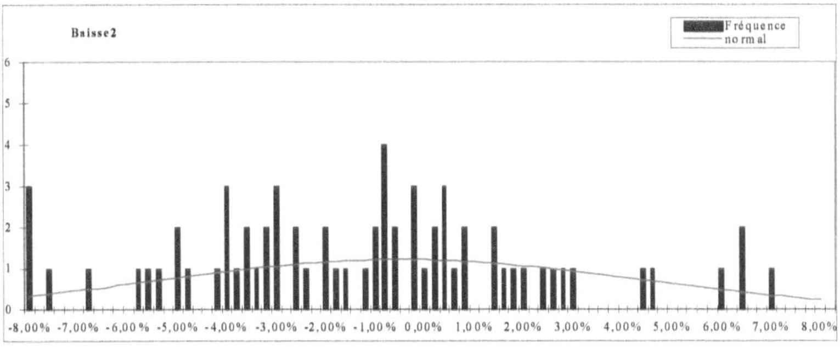

En fait, tous les agents financiers n'arrivent pas à se prononcer quant aux perspectives économiques malgré la baisse des taux d'intérêt d'1/2 point le 3 janvier 2001.

[91] Notons que les rendements de plus de 10 % sont surtout observés pendant les phases baissières : par exemple, le 3 janvier 2001, le Ndx100 est monté de 18 % !

Pendant ce temps, les phénomènes suivants sont observés :

- **Anchoring** : quand les seules données pertinentes sont la chute rapide des cours, les investisseurs concluent que c'est en réalité toute l'économie qui est en train d'être affectée.

- **Syndrome touchy – feely :** les investisseurs deviennent pessimistes et surestiment la détérioration de l'économie et des marchés. Ils sont influencés par d'autres types d'informations même si elle ne les concerne pas directement.

Notons que les comportements psychologiques pendant cette période sont exactement les mêmes que ceux observés pendant la période d'euphorie, mais cette fois-ci les paramètres sont négatifs ainsi que le biais entre les fondamentaux et les anticipations.

L'indice Nasdaq aurait chuté depuis son dernier sommet de 48 % au 12 janvier 2001. On identifie chaque hausse du marché par un « bear trap » qui se traduit par une progression légère suivie immédiatement d'une correction d'une plus grande amplitude.

En fait, dans le cas d'un marché baissier, la hausse des marchés n'est convaincante que si :

- les hausses sont soutenues par des nouvelles relatives aux fondamentaux économiques et financiers qui seuls peuvent modifier la tendance sous-jacente ;

- les corrections ne sont dues qu'aux mauvaises nouvelles. Mais ces corrections sont contenues quelles que soient les informations.

Pour s'assurer qu'on est à nouveau dans une tendance haussière économique et financière il faut attendre patiemment que la Fed arrête de baisser les taux, que le marché reprenne confiance en la situation économique et que les entrepreneurs et le marché commencent à craindre à nouveau la hausse des taux.

Le fonctionnement du système financier est désormais mieux compris grâce à la théorie du « Noisy chaos » qui insiste sur l'importance du processus mental en tant que dynamique essentielle du système financier.

Dans la deuxième partie de cette étude, ce processus a été analysé en théorie et en pratique comme étant régi par la « logique floue ».

Partie III
Techniques et stratégies de gestion de portefeuille

L'analyse des marchés et des comportements des agents financiers va nous permettre de déterminer des outils pointus afin d'opérer dans des marchés chaotiques (chapitre 7), et de concevoir une réponse générale au problème de la gestion des risques d'un portefeuille (chapitre 8).

Chapitre 7
Les outils d'analyse : développements et ajustements

C'est en explorant les domaines de la recherche cyclique macroéconomique, de la recherche fondamentale technique, de l'analyse et l'évaluation des risques que l'on déterminera les outils de gestion les plus adaptés à l'analyse des marchés financiers.

7.1. L'analyse cyclique macroéconomique

Une des constatations tirées des parties précédentes est que les marchés financiers doivent être considérés sur la base d'un modèle fondé sur les cycles économiques. Ce modèle est en particulier plus approprié pour des investissements de moyen terme puisque l'environnement économique constitue « l'attracteur étrange » du processus financier.

Le but ici est d'analyser et de déterminer les indicateurs économiques les plus utiles.

7.1.1. Les cycles économiques chaotiques

En 1939, J. Schumpeter met en avant une théorie globale sur les mouvements cycliques de l'économie et des marchés financiers. Dans son modèle, au moins trois oscillations semblent intervenir : les investissements en biens de production, les stocks des entreprises ou les fluctuations dans leur constitution et les gonflements du crédit.

D'après J. Schumpeter, l'économie est régie par des modèles stylisés. Mais le monde réel est beaucoup plus complexe que ces modèles : les scénarios économiques peuvent changer radicalement, et notamment sous l'effet d'événements mineurs difficiles à prévoir.

Des effets papillon[92] sont ainsi identifiés au niveau économique, quoique la complexité du processus économique soit de loin inférieure à celle du processus financier.

Les marchés économiques, tout comme les marchés financiers, sont régis par des mouvements cycliques sous-jacents, dont la fréquence n'est pas certaine, qui se superposent mutuellement. Le mouvement qui en résulte est assez complexe : les cycles identifiés sont limites mais non périodiques, aucun cycle ne ressemble exactement à un autre, étant donné les effets papillon et les bifurcations engendrés par les boucles de feedbacks.

Il en résulte que ces phénomènes cycliques ne peuvent être prédits à l'aide d'un indicateur ou bien même d'une séquence logique de cycles sous-jacents. De plus, identifier les évolu-

[92] Exemples de causes à effet papillon : les effets de l'action de la Fed sont généralement ressentis 6 mois plus tard, l'indicateur de la confiance des consommateurs est un des indicateurs avancés de la demande, en ce sens qu'une baisse de l'indice de confiance se traduit par une chute de la demande radicale dans les mois qui suivent et par une chute de la croissance économique plus tard. De même, des effets papillon sont identifiés par le désengagement financier et son impact progressif sur l'effet de richesse, la globalisation économique et la sensibilisation des pays industrialisés quant aux évolutions économiques mineures d'autres pays.

tions économiques est rarement suffisant pour prévoir le comportement du marché. Cependant ces évolutions sont des instruments importants pour identifier les caractéristiques générales[93] du marché en question.

L'interprétation de chaque indicateur et de ces interrelations avec les autres indicateurs dépend de chaque marché.

7.1.2. Les indicateurs économiques

Pour identifier des retournements de tendance, il est nécessaire de disposer d'une analyse détaillée qui permette d'anticiper correctement les spécificités du cycle. Spécificités qui en font un cycle unique, différent des précédents.

Il faut bien comprendre qu'un indicateur seul n'a pas de valeur en soi, puisque c'est la tendance et les répercussions sur l'ensemble de l'économie qui importent. Toutefois, chaque indicateur est lui-même un signal d'alarme qui doit suggérer de porter une attention particulière au marché.

Tous les marchés qu'ils soient monétaires ou obligataires, marchés des actions, des matières premières ou des métaux précieux, oscillent d'une façon asynchronique puisqu'ils prédisent différentes phases de cycle économique.

Dans ce qui suit, on présente les divers indicateurs économiques regroupés suivant leur timing.

a. Les indicateurs précurseurs

Ces indicateurs indiquent à l'avance l'évolution de l'activité économique et influent, tour à tour et à leur ma-

---

[93] Peters E. E., (34), p. 10, les marchés sont fractales : « They are localy deterministic but globaly random. »

nière, sur l'évolution d'ensemble du marché boursier et sur le comportement d'un secteur boursier par rapport à un autre.

1. Les indices boursiers

Ces indices traduisent en fait l'engagement ou le désengagement des agents financiers au vu des anticipations économiques et financières qu'ils établissent. On le sait, les marchés financiers réagissent à l'avance, mais on ne peut déterminer à l'avance la période (dépend de T) exacte du désengagement ou de l'engagement financier. Ainsi, dans le cas d'un ralentissement économique, si le désengagement financier est causé par une anticipation sur ce fait, il sera aussi un facteur amplificateur de la détérioration économique qui s'ensuit, puisqu'il affecte négativement l'effet de richesse de l'économie.

La boucle suivante se dessine :

Schéma 6
Le désengagement financier et économique

Environnement économique : vue négative (confiance des consommateurs)

↓

Désengagement financier

↓

Baisse des marchés financiers

↓

Réduction de l'effet de richesse

Baisse du pouvoir d'achat

Chute de la demande… chute de la liquidité financière

Chute des profits… ➔ *Ralentissement économique*

↓

Désengagement économique

Baisse de la production

Politique de réduction des coûts

Renvoi d'employés…

➔ Récession des profits ou « earnings recession »

↓

Baisse du pouvoir d'achat, limite des dépenses des consommateurs

Effet de richesse annulé et entrant dans la zone négative

↓

Désengagement financier accentué…

Schéma 7
Boucle d'investissement et de désengagement

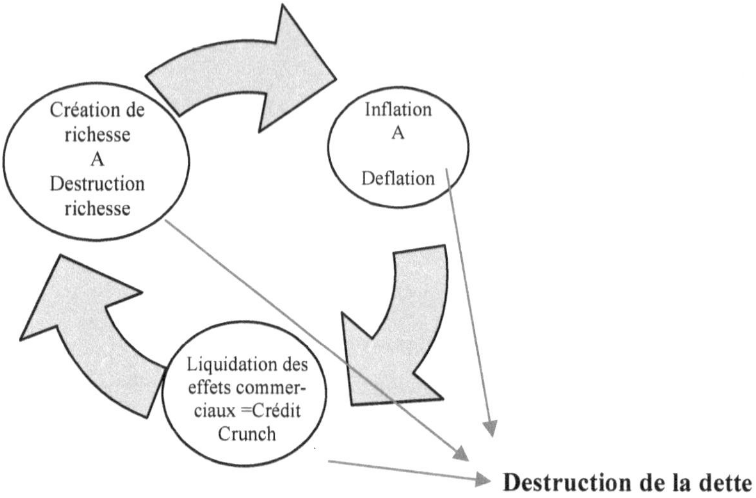

Toutes les crises économiques ont été précédées par une chute au niveau de la confiance des consommateurs. S'ensuit alors une détérioration du marché de l'emploi et le début des licenciements par les entreprises (graphes 10 et 11).

Graphe 10
Confiance des consommateurs

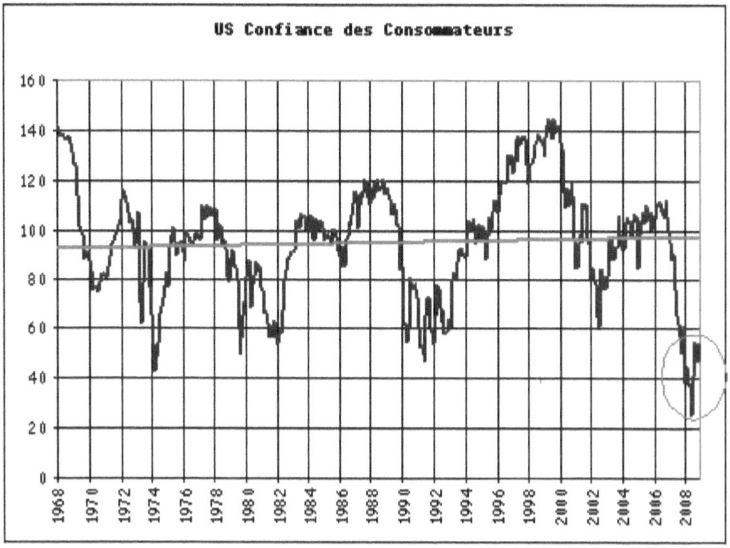

Source : Bloomberg

Graphe 11
Perte d'emplois

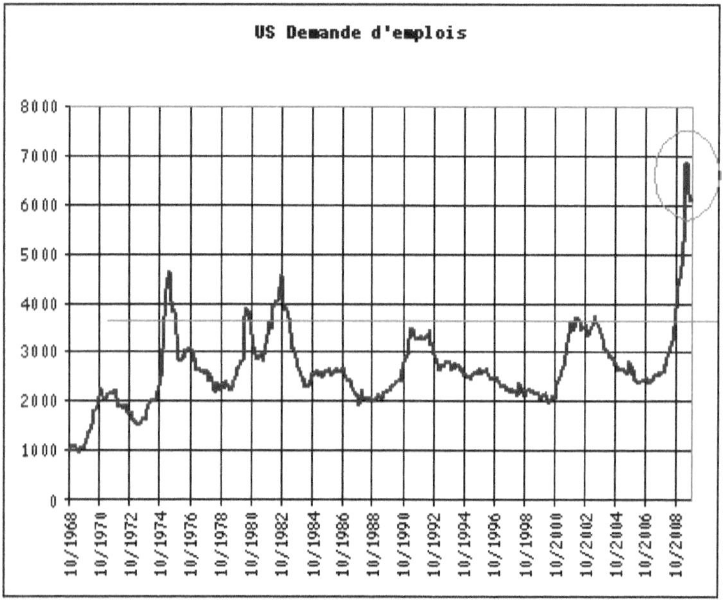

Source : Bloomberg

Ceci peut être expliqué par l'analyse des conditions du crédit comme le montre le graphe 12 suivant : l'octroi de crédits est quasiment coupé aux entreprises. Celles-ci se retrouvent face à deux contraintes : une baisse de la consommation et un besoin en fonds de roulement à combler, d'où le recours à la réduction des coûts à commencer par les licenciements. Tout ceci se répercute au niveau économique et amplifie la crise.

Graphe 12
Conditions de crédits bancaires US et des marchés financiers

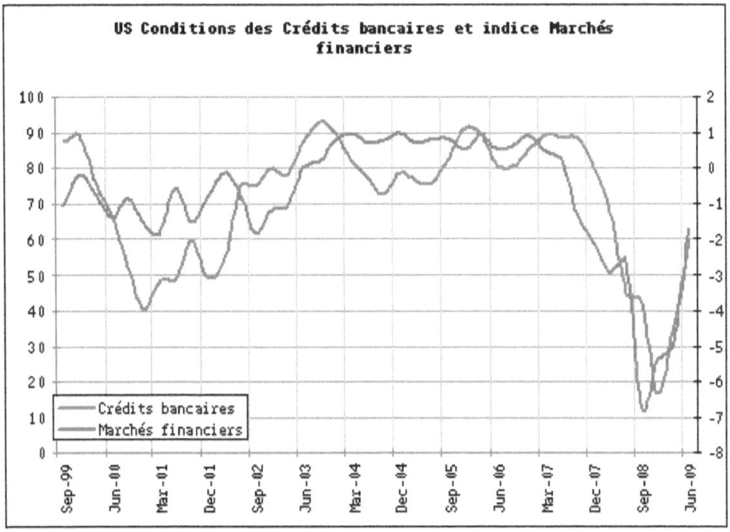

Source : Bloomberg

2. Les organismes de contrôle :

*Les taux et la liquidité des marchés

Dans un objectif visant à contrôler la croissance économique, le gouvernement dispose des principaux instruments suivant :

Schéma 8

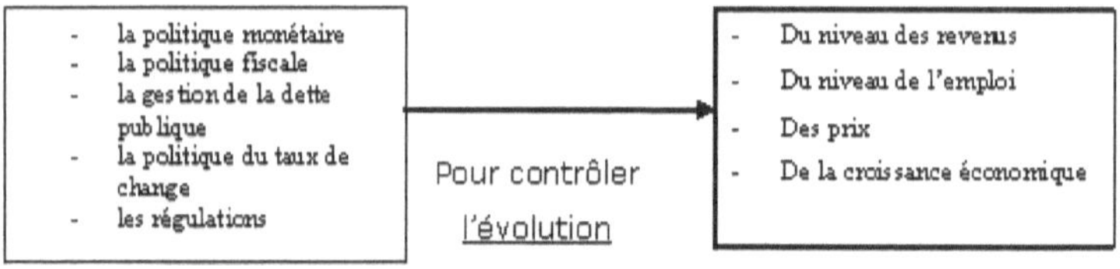

L'action du gouvernement est l'un des indicateurs avancés économiques les plus fiables[94] pour un grand nombre d'agents économiques. Une hausse successive des taux est toujours suivie par une chute du marché des actions (par exemple, en 2000 la Fed cherchait à contenir la bulle financière).

Cependant, dans un environnement de ralentissement économique, la baisse des taux d'intérêt pour stimuler la croissance n'est pas suffisante tant que cette baisse n'est pas suivie par celle des taux interbancaires, taux aux entreprises et taux aux consommateurs (surtout hypothécaire). Le credit crunch de 2008 est un bon exemple : le graphe ci-dessous indique le différentiel des taux entre celui de la Fed et interbancaire.

---

[94] « Never fight the Fed » perception de la majorité des intervenants financiers.

Graphe 13
Spread des taux

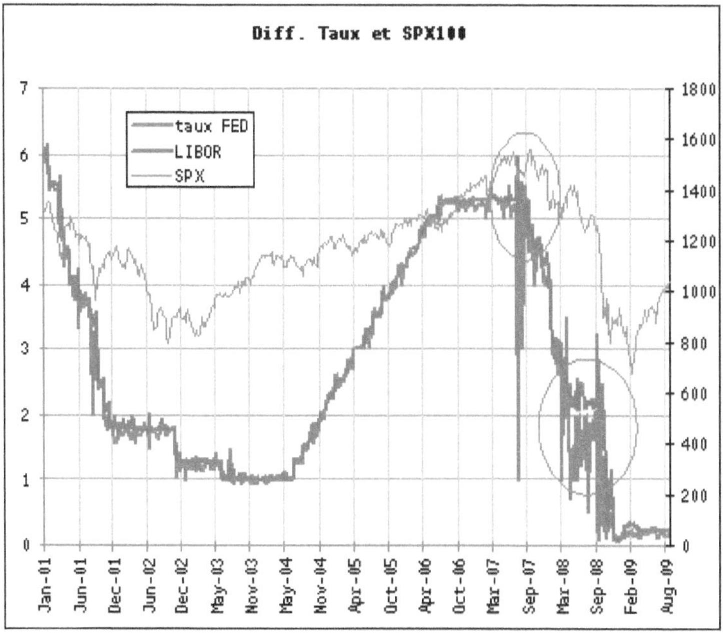

Source : Bloomberg

*** La courbe des taux et son inversion**

Dans la plupart des cas, l'inversion de la courbe des taux est un signal de marché baissier majeur. La courbe des rendements est obtenue en calculant la différence entre les rendements des bons du gouvernement à long terme et des bons à court et moyen terme. Ainsi, une tendance baissière (haussière) de la courbe se traduit par une anticipation de la baisse (hausse) des taux et de l'arrivée d'une période de récession (expansion).

Une inversion de la courbe des taux a lieu quand la différence entre les taux à long terme et à court terme devient négative. À titre d'exemple, le graphe 14 illustre la différence entre l'emprunt à 10 ans et la note à 2 ans.

Graphe 14
La courbe des taux 2 ans vs 10 ans

Source : Bloomberg

Le graphe suivant indique le niveau des taux appliqués aux USA le 9 janvier 2009 : le différentiel moyen était de 500 points de base ce jour. Les marchés sont gelés, illiquides. La question n'est plus de savoir si l'économie va repartir ? Mais s'il y a un risque de forte récession ou de dépression ?!

Graphe 15
Différentiels de taux

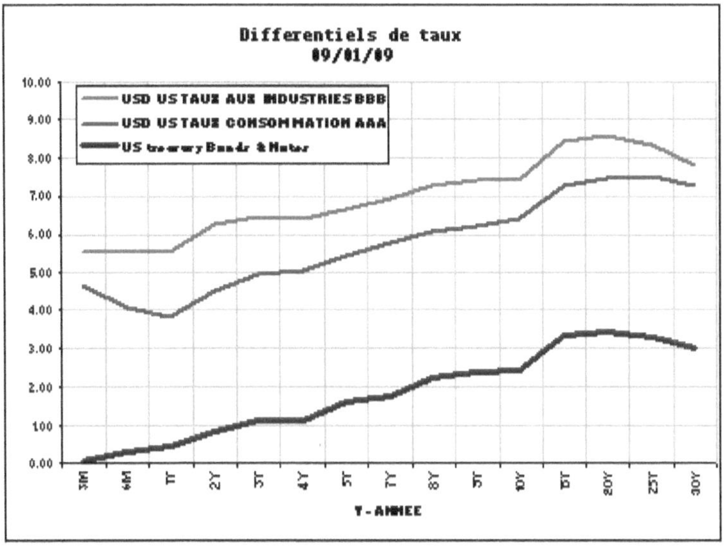

Source : Bloomberg

3. L'indice précurseur

Cet indice est composé des 10 indicateurs suivants : la semaine de travail moyenne des industries manufacturières, le nombre d'assurances déclarées des personnes au chômage, la performance des vendeurs[95], l'indice S&P500, la liquidité[96]

[95] L'indice de performance des vendeurs est celui qui calcule le pourcentage des sociétés indiquant un ralentissement des livraisons. Généralement, un accroissement de l'indice se traduit par une économie en pleine croissance, alors qu'une baisse de l'indice se traduit par une économie qui s'est ralentie : les producteurs peuvent rapidement effectuer leur livraison vu qu'ils ne sont pas surchargés.

[96] Si on doit observer la liquidité, une méthode consiste :

mensuelle ajustée (M2 ajusté), l'indice des nouveaux permis de construire, les nouvelles commandes de biens de consommation et d'équipement, les contrats et commandes d'usines, l'espérance des consommateurs, le spread entre les bons de Trésor 10 ans et le taux du Federal Funds.

En moyenne, depuis 1959, cet indice a indiqué une récession deux mois à l'avance et un pic économique 8 mois à l'avance.

- à suivre les indicateurs précurseurs d'absorption de la liquidité à des fins productives, tels les investissements, les nouvelles commandes industrielles, le nombre de permis de construire, etc. ;
- à établir des prévisions sur les dépôts et les retraits des gouvernements centraux ;
- à suivre les marchés des taux d'intérêt, la courbe des taux et le cours de l'or.

Graphe 16
Indice précurseur

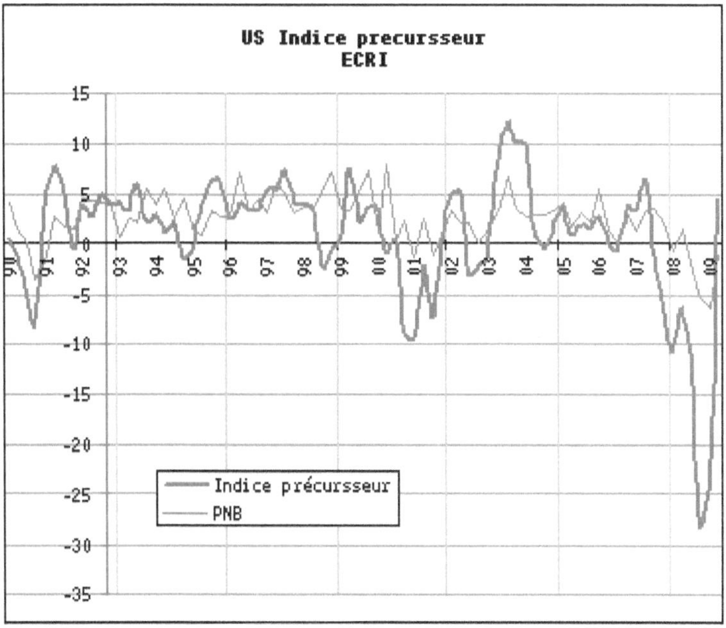

Source : Bloomberg

b. Les indicateurs coïncidents

L'indice des **indicateurs coïncidents** est composé de 4 indicateurs : le nombre d'employés salariés hors secteur agricole, l'indice de la production industrielle, les revenus individuels moins transferts ajustés, les ventes manufacturières et commerciales ajustées.

c. Les indicateurs décalés

L'indice des **indicateurs décalés** est composé de 7 indicateurs : la durée moyenne de l'emploi (en semaines), les stocks des secteurs manufacturiers et commerciaux, la variation dans l'indice du coût du travail par unité produite, le taux moyen de base des banques, le ratio endettement crédit à la consommation/revenu individuel, les encours des prêts commerciaux et industriels, la variation de l'indice des prix des consommateurs.

Notons que la réaction du marché est limitée lors de la publication de ces indices puisqu'ils sont publiés en dernier lieu, c'est-à-dire, après que tous les indicateurs les composant aient été publiés. Néanmoins, ils sont suivis par les agents financiers afin de confirmer ou d'infirmer leurs points de vue.

Il est important de noter que l'identification des variables dont le cycle précède immédiatement celui des marchés boursiers ne suffit pas pour réaliser des anticipations valables à tout coup.

Le fait que l'on retrouve un enchaînement logique entre les différents cycles financiers laisse en suspens la question de l'intensité des liaisons et de l'importance des décalages entre ces cycles.

7.2. L'analyse « fondamentale technique »

L'analyse de la conjoncture économique facilite l'arbitrage entre les différents éléments d'actifs financiers et entre les différents secteurs. Reste encore le dilemme du choix de l'entreprise[97] qui devra répondre aux objectifs de placement et au degré d'acceptation du risque.

[97] Ou, de l'indice sectoriel ou de marché, dans tous les cas on doit procéder à l'évaluation des composants.

Le choix des titres et leur évaluation sont une procédure assez complexe. Elle s'articule autour de deux éléments : la solidité financière de l'entreprise et sa valeur réelle.

7.2.1. La solidité financière de l'entreprise

La solidité financière d'une entreprise s'évalue, d'une part, par sa performance mesurée par des ratios financiers et, d'autre part, par comparaison avec des entreprises du même secteur d'activités. Il existe une multitude de ratios, aussi importants les uns que les autres, l'interprétation et l'importance de chaque ratio variant selon le secteur étudié.

a. Le bénéfice par action

La santé financière de l'entreprise peut être évaluée, dans bien des cas, grâce à l'analyse de l'évolution du bénéfice par action (BPA).

L'essentiel est de pouvoir analyser les points suivants :

- la capacité de la direction à gérer les éléments de l'actif que possède l'entreprise ;
- la marge bénéficiaire brute, qui reflète la capacité de la compagnie à dégager un résultat à partir des ressources engagées dans la production ;
- l'effet de levier ;
- le rendement réalisé sur l'avoir des actionnaires, sur les fonds propres des propriétaires de l'entreprise. Ce rendement rend compte de l'efficience de l'équipe de direction et mesure sa capacité d'utiliser à bonnes fins les sommes d'argent injectées par les actionnaires.

Sous forme d'équation, on a le schéma 9 suivant :

$$BPA = \frac{RFP + FP}{\text{Nb actions}} \times (1 - t)$$

Effet de levier

$$RFP = \text{Rendement sur l'avoir des actionnaires} = RA - \left[\frac{\text{Dette totale}}{FP} \times (RA - \text{T intérêt effectif}) \right]$$

Niveau de l'endettement

Cette différence indique si l'effet de levier créé par la dette est positif ou négatif

$$RA = \text{Rendement de l'actif} = \frac{BAII}{\text{Ventes}} \times \frac{\text{Ventes}}{\text{Actif}}$$

Marge bénéficiaire brute Coefficient de rotation de l'actif

BAII = Bénéfice avant amortissements, intérêts et impôts

Notons que les marges varient d'un secteur à l'autre, un fait qui doit donc être pris en considération lors de l'analyse du BPA

Limites de la méthode du BPA

Cette méthode, appliquée aux résultats financiers de plusieurs exercices, donne une image des principales forces et faiblesses de l'entreprise. Cependant, comme toute autre méthode, il ne faut pas l'utiliser de façon mécanique, sans y apporter de nuance. Ainsi, le diagnostic que l'on peut poser à l'aide de la méthode du BPA peut être faussé par les observations suivantes :

- un rendement de l'actif à la baisse ;

- la dilution ;
- le bénéfice non réparti peut être utilisé de plusieurs façons : réinvestissement sous forme d'actif – réduction du passif –, versement de dividendes ;
- la comptabilisation des actifs : les licences de technologie (surtout nouvelles) sont des actifs assez difficiles à comptabiliser et surtout à évaluer, c'est pourquoi, les actions qui ne régénèrent toujours pas de profits et détiennent de nouvelles technologies sont très volatiles et vulnérables aux tensions du marché.

b. Le flow ratio

L'utilisation du flow ratio permet de mieux comprendre la stratégie d'une société et la façon dont une société gère son fonds de roulement.

$$\text{Flow ratio} = \frac{(\text{Actif - Cash})}{(\text{Dette - Dette à court terme})}$$

- le numérateur définit les investissements en stocks, encaissements et dépenses payées. Ce sont donc tous les paiements effectués, qui doivent être convertis en cash dans l'avenir. C'est donc de l'argent bloqué, il doit être au mieux faible.
- le dénominateur définit les actifs non encore payés, c'est donc comme si la société générait des profits à investissement nul. On en soustrait les dettes à court terme. Il doit être aussi élevé que possible.

« L'idéal » pour une société est d'atteindre un ratio inférieur ou égal à 1,25. Un ratio négatif est idéal puisqu'il implique que la société est financée par ses fournisseurs.

Mais c'est surtout l'évolution de ce ratio qu'il convient de suivre, une variation du flow ratio négative (positive) traduisant une rentrée (sortie) de cash « in flow (out flow) of cash ».

Ci-dessous est présenté un exemple comparatif entre deux compagnies appartenant au même secteur, mais ayant géré différemment leurs fonds de roulement.

Sociétés de networking Cisco / Lucent

Tableau 9a
Flow ratio et performance boursière

	Lucent		Cisco	
Date	**Flow ratio**	**Stock**	**Flow ratio**	**Stock**
Dec 97	1.47	$22.05	1.44	$10.51
Mar 98	1.56	$38.01	1.31	$12.21
Jun 98	1.57	$46.07	1.17	$15.96
Sep 98	1.69	$40.01	1.13	$18.84
Dec 98	1.89	$56.19	1.12	$27.89
Mar 99	2.03	$59.92	1.03	$28.52
Jun 99	2.18	$65.62	0.87	$31.06
Sep 99	2.26	$64.19	1.03	$44.59
Dec 99	2.67	$55.48	0.99	$54.75
Mar 00	2.8	$62.19	0.87	$69.33
Variation	**90.5 %**	**182.0 %**	**-39.6 %**	**559.7 %**

Comme l'indique le tableau, le flow ratio des deux compagnies était en 1997 d'environ 1,4. Depuis, la performance de Cisco a doublé par rapport à celle de Lucent. Entre-temps, Cisco a réussi à diminuer son flow ratio de 40 %, tandis que celui de Lucent est monté de plus de 90 %.

L'investissement net en fonds de roulement (INFR) est égal à :

(Actif - Cash) - (Dette - Dette à court terme)

Dans le tableau 14 b suivant a été calculé le INFR de Cisco et de Lucent en 1997.

Tableau 9b
INFR décembre 1997

$ Millions	Décembre 97 **Cisco**	**Lucent**
Cash	1 614	1 225
Actif disponible	3 556	13 256
Dette à court terme	0	1 757
Dette	1 350	9 962
INFR	**592**	**3 826**

D'après ce calcul, on constate qu'en 1997 le besoin de Cisco en *working capital* était très faible par rapport à celui de Lucent.

Plus tard, soit en mars 2000, le tableau ci-dessus montre que le NIWC de Lucent a quadruplé, par contre Cisco a réussi à réduire son NIWC, pour arriver à un nombre négatif. Ce nombre est le rêve de tout CFO, puisqu'il montre que les stocks ainsi que les recettes non collectées sont plus que financées par les fournisseurs et les clients.

Tableau 9c
INFR mars 2000

	Mars 00	
$ Millions	**Cisco**	**Lucent**
Cash	4 653	1 709
Actif	9 080	22 414
Dette à court terme	0	1 890
Dette	5 099	9 292
INFR	**-672**	**13 303**

Tableau 9d
INFR Cisco/Lucent

	De déc 97 à mars 00	
$ Millions	**Cisco**	**Lucent**
Variation du INFR	-1 264	9 477

En réduisant son *working capital,* Cisco est parvenue à dégager 1,26 milliard de dollars de cash. Tandis que Lucent a dû financer 9,5 milliards de dollars supplémentaires !

c. Le ratio « cash burn rate »

Pour les sociétés du secteur de la biotechnologie, comme pour les valeurs Internet, les critères classiques d'évaluation perdent leur pertinence. Les multiples des chiffres d'affaires sont couramment utilisés pour comparer les firmes du secteur. Autre instrument d'évaluation, le cash burn rate donne la vitesse à laquelle la trésorerie est dépensée. Un ratio qu'on peut opposer au cash disponible, ce qui permet de mesurer l'espérance de vie des sociétés de la biotechnologie. Évaluer la crédibilité du management et mesurer le nombre de projets en développement et la qualité de la plate-forme technologique sont plus pertinents. Les firmes fortes de plusieurs produits en phase II et III (testant leur efficacité) devront être privilégiées.

Une fois la solidité financière analysée, il s'agit maintenant d'évaluer la valeur de la société en question, afin de la comparer à sa valeur boursière.

Le but ici est d'essayer de comprendre le « gap » entre la valeur de la société et la valeur boursière. Et ce, afin d'obtenir la juste valeur boursière « la valeur fondamentale technique ».

7.2.2. La valeur d'une entreprise

Limites de l'approche classique et nouvelle méthode d'évaluation : la valeur fondamentale technique (VFT)

La théorie économique a fourni depuis longtemps, avec Irvin Fischer, les principes de base de l'évaluation des investissements : le prix d'un titre est fonction des revenus prévus (actualisés) et d'un taux de rendement correspondant à l'horizon d'investissement temps de l'investisseur.

Dans le cas d'un investissement en Bourse, l'équation s'écrit :

$$\mathbf{V_0 = \sum_{i=1} \frac{Di}{(1+t)^i} + \frac{Vn}{(1+t)^n}}$$

V_0 = Valeur de l'action à la date de départ

Di = Dividende à recevoir à l'année i, avec i variant de 1 à n

Vn = Valeur de revente de l'action à l'année n

t = Taux d'actualisation

L'investisseur achètera ou non l'action, selon que son cours en Bourse est inférieur ou non à V_0.

Mais, la formule simple de Fischer est d'une part inapplicable puisqu'elle suppose que l'on connaisse le prix de vente de l'action dans n années, les dividendes futurs et le taux d'actualisation. De plus, ces valeurs sont souvent théoriques.

En réalité, il y a toujours un écart entre la valeur fondamentale et la valeur boursière. Cet écart est inévitable car, nonobstant les particularités propres à l'entreprise, le cours de son action sera influencé par les mouvements du marché boursier. Ainsi, il devient inutile d'essayer de trouver la valeur d'une société si on n'y ajoute pas la prime du marché (qui peut être négative ou positive) que l'on juge nécessaire, puisque finalement c'est à travers ce marché qu'on effectue les transactions et qu'on calcule les pertes et profits.

Pour pouvoir approcher la valeur réelle, il faudrait donc que la valeur de la société soit calculée selon une valeur « fondamentale technique » qui tient compte :

=> *Du phénomène de **convergence*** : la distorsion entre prix et valeur peut être durable et s'aggraver dans un premier temps. Mais, à un certain moment, on assiste à une convergence entre prix et valeur et on se retrouve devant deux scénarios, soit que le prix se rapproche de la valeur, soit que la valeur en se modifiant finit par justifier le prix. Ce processus est autovalidatoire dans les deux sens.

Lars Tvede[98]décrit bien ce processus quand il note : « Si le cours d'une action monte, la notation de la société émettrice s'améliore et, par conséquent, ses opportunités de financement par des prêts ou par l'émission de nouvelles actions

---

[98] Tvede L., (50), p. 5.

deviennent meilleures. L'image de la société sera donc rehaussée auprès des consommateurs et des cadres dirigeants potentiels. Les fluctuations de cours ont donc un impact effectif sur la valeur réelle. »

=> ***De l'ajustement des modèles d'évaluation***, de la valeur de l'action et des méthodes de calcul des ratios (pour mieux évaluer l'écart entre la valeur et le prix) ;

=> ***De l'évaluation de l'écart entre l'offre et la demande*** : il est certes intéressant de savoir si un marché est correctement évalué ou non à un instant donné, mais il est encore plus intéressant d'anticiper la façon dont cette évaluation va se modifier dans le temps en liaison avec le déroulement du cycle économique et financier.

Ainsi, si on formule la VFT, son équation prend la forme suivante :

VFT = VF + O/D

- **VFT** est la valeur fondamentale technique : le but est de calculer une valeur qui saura refléter la valeur du titre selon nos propres prévisions et celles du marché. En ce sens, il faudra éliminer dans la mesure du possible les distorsions et les entraves à l'établissement de cette valeur pour qu'elle anticipe le plus tôt le prix boursier. Autrement dit, « consacrer notre intelligence à anticiper ce que le grand public pense être l'opinion du grand public[99] » avec le prix boursier qui traduit l'anticipation du public et la valeur réelle qui représente nos prévisions sur les anticipations du public.

---

[99] Keynes J. M., (23), chap. 12.

- **VF** est la valeur fondamentale ajustée et évaluée selon notre propre jugement.
- **O/D** est l'écart entre l'offre et la demande sur l'action, évaluée selon nos estimations concernant le jugement et les prévisions du marché : cet écart est une mesure du niveau de déséquilibre entre l'offre et la demande du marché de l'action. Le signe de cette mesure peut être positif ou négatif.

a. Évaluation de la valeur fondamentale

Il s'agit essentiellement de déterminer une fourchette ou une marge de prix. Cette marge de prix dépend du taux d'actualisation, des méthodes d'évaluation utilisées et du taux de croissance des bénéfices prévus.

1. Le taux d'actualisation

Le taux d'actualisation n'est autre que le taux de rentabilité minimal exigé. Ce taux est décomposé en deux éléments : d'une part, le taux sans risque qui varie selon l'horizon de placement et, d'autre part, une prime de risque qui reflète à la fois des éléments objectifs, proportionnels à la volatilité de l'action, et des éléments subjectifs qui dépendent :

- de nos espérances et croyances dans l'industrie de la société en question ;
- de la qualité du management de la société et de son avantage compétitif ;
- des contraintes et objectifs de placement.

2. Les méthodes d'évaluation

Le choix de la méthode d'évaluation et de la prévision de la croissance des bénéfices constitue une autre difficulté après celle de la détermination du taux d'actualisation. La raison est que la prévision des dividendes versés par la société d'une année à l'autre et durant une très longue période est un exercice tout à fait irréaliste. Par la suite deux méthodes d'évaluation sont proposées :

- La première méthode consiste à partir du principe suivant : toutes les sociétés connaissent un ou plusieurs régimes de croissance permanents. Ainsi, le taux de croissance de la rentabilité fléchit par palier en liaison avec le cycle de vie de la société étudiée[100]. À maturité, le taux de croissance devient inférieur au taux d'actualisation. L'équation de la valeur fondamentale devient :

$$\mathbf{VF = V_0 = \frac{D_1}{(1+t)^1} + \frac{D_2}{(1+t)^2} + \ldots + \frac{Dn + [D_{n+1}/(t-g)]}{(1+t)^n}}$$

- Une autre méthode consiste à calculer V_0 à partir de l'équation suivante :

$$\mathbf{V_0 = BN * PER(mr)}$$

BN = le bénéfice net
PER(mr) = le multiple de capitalisation (price earning ratio). C'est le multiple de référence

[100] Ce modèle d'évaluation est utilisé par Warren Buffet : il distingue en général une première sous-période d'une durée de 10 ans, dans laquelle la société enregistre un taux de croissance élevé, puis une deuxième sous-période où le taux de croissance tombe à 5 %.

du secteur auquel appartient la société en question.

Selon cette méthode, la valeur fondamentale va refléter, d'une part, la valeur fondamentale de l'action, suivant les bénéfices nets (réalisés ou prévus selon le taux de croissance g) de la société et, d'autre part, d'après une mesure de référence relative au marché. Mesure que l'on a choisie comme étant le PER du secteur.

À ce stade, la question pourrait se poser sur le choix du PER en tant que paramètre dans le calcul de la valeur fondamentale d'un titre : en réalité, c'est un choix qui repose sur le désir de rapprochement avec la réalité[101] afin de réduire l'écart entre la valeur calculée et la valeur réelle. À cette fin, on a décidé d'utiliser la mesure de cherté employée par le marché.

b. Évaluation des fonds alternatifs

Il s'agit ici de discerner et de comprendre les stratégies mises en œuvre par un fonds donné, ci-dessous un tableau explicatif des différentes étapes à suivre lors de la sélection de fonds.

[101] Comme dans le cas de la formule de calcul des options : la formule de B&S est appliquée et est utilisée par tous les gestionaires et market maker tout en sachant qu'elle repose sur des hypothèses fausses, telle la stabilité de la volatilité, etc.

Tableau 10
Processus

1 Allocation Stratégique et Sectorielle Prévisions : Top-Down//Macro-économiques	Analyse et identification des stratégies selon le bon timing : ▪ Volatilité ▪ Différentiels de Crédit ▪ Liquidité ▪ Flux sectorielle ▪ Taux d'intérêts ▪ Tendance des marchés	→ Commenter les stratégies & sous-stratégies objectifs d'allocations
2 Selection des Gérants Bottom-Up opportunités	générés via ▪ Bases de données (Bloomberg, Pertrac, Morningstar…) ▪ Contacts (Streets contacts & références) ▪ Maisons de courtage, relations avec d'autres fonds	→ Premier filtre (selon la taille des fonds, la date de création, Analytique: niveau d'exposition systématique, persistance de la performance, potentiel d'intégration dans le portefeuille (portfolio fit), Nature des investissements et des risques)
3 Analyse quantitative initiale	Focaliser sur la protection du capital ▪ Surperformance Consistante durant les cycles baissiers: (vs benchmark et groupe) ▪ Circonstances des Pertes mensuelles, analyse des lissages 12-mois des performances. ▪ Analyse de la distribution des rendements vs. benchmark & groupe, graphe Risque-Rendements, moyenne des pertes vs. Moyenne des gains. ▪ Examiner les corrélations aux marchés, indices de références (actuelles & prévues). ▪ Evaluer la faisabilité des rendements prévus, analyse des risques, et la probabilité de résultats positifs. ▪ Analyse des facteurs de sensibilités & mise en place de scenarios de stress tests.	
4 Analyse qualitative initiale **Conférence call & documenta-**	Comprendre la philosophie et le processus d'investissements: sources d'alpha <u>Se concentrer sur la:</u> ▪ Transparence ▪ Gestion des Liquidités ▪ Volatilité <u>Etude:</u>	

tion des fonds	▪ Gestion trading et couverture de positions ▪ Gestion du risque ▪ Infrastructure: rétrospective du management /info biographie / termes / capacité	
5 Due diligence	Vérification de l'historique des gestionnaires: -> Directeurs et gérants Gestion opérationnelle à être faite et valider par deux tierces parties spécialistes en la matière. Visite sur place des locaux et rencontrer: ->gérants, analystes, traders… gérant des risques (s'assurer de la séparation des fonctions) Analyser l'infrastructure de l'institution ->Système ->Personnel ▪ Se concentrer sur la construction du portefeuille et le contrôle du risque ▪ S'assurer de la séparation des fonctions backoffice et front office. ▪ Evaluation indépendante du portefeuille par un administrateur externe. ▪ Réviser les états financiers audités	
6 Vérifications Finale quantitative et background check	Déterminer l'allocation optimale dans le portefeuille: ▪ Exposition aux marchés ▪ Volatilité & VaR ▪ Allocation stratégique (Cross corrélation, frontière d'efficience) ▪ Liquidité Références Contrôle légaux Validations par des Contacts et tierces personnes Validation des CV et des raisons du changement de travail.	
7 Contrôle	<u>Division d'Investissement</u> Mensuel ▪Analyse des facteurs ▪Sensitivités du portefeuille ▪Appel téléphonique ou réunions si nécessaire Tous les 3 mois	<u>Division légale</u> Mensuel ▪Recherche infos sur les fonds Annuel ▪Révision des états financiers

	▪Conférence call ▪données Risque ▪Visite sur place Annuel ▪mise à jour du rating Autant qu'il le faut ▪Conférence calls ▪Visite sur place	▪Visite des locaux ▪Mise à jour des rapports Tous les 3 ans ▪Mise à jour background

Il faut surtout savoir les analyser méticuleusement… tâche très difficile si on n'a pas une bonne connaissance de toutes les stratégies mises en place. À cet effet, une sorte de questionnaire général (présenté ci-dessous) doit être étudiée, suivie par une visite sur les sites de gestion et des meetings avec tous les gérants de portefeuilles et de risque.

Tableau 11
Due diligence Questionnaire

Questionnaire	Fonds Alternatifs	
Généralités	Oui/Non	Commentaires
Décrivez votre philosophie d'investissements stratégique :		
▪ Valeur relative		
▪ Événements (Event Driven)		
▪ Actions		
▪ Macro		
▪ Futures/dérivées/ CTA		
Quels sont vos objectifs de volatilité et de rendement ?		
Avez-vous un indice de référence ?		
Date de lancement du fonds Valeur actuelle Moyenne des rendements et volatilités annuelles		
Lister les 3 plus larges pertes cumulées (drawdowns)		
Quel est votre objectif de croissance pour les 12 mois à venir ?		
Quelle est la capacité maximale du fonds ?		
Lister vos investisseurs principaux et le % des partenaires dans le fonds ?		
Quels ont été les plus larges retraits et pour quelles raisons ?		
Comment gérez-vous les retraits (rédemptions) ?		
▪ Liquidité des positions		
▪ Réserve cash		
Nombre d'employés		
Nombre de professionnels en matière d'investissements financiers		
Moyenne de rotation du personnel		
Liste des bureaux internationaux		
N° registre auprès d'une autorité de régulation		
Est-ce que les procédures contre le blanchiment de l'argent sont suivies ?		
L'indisponibilité d'un directeur entraverait-elle le bon fonctionnement de la gestion ? Expliquez		
Comment la performance est-elle répartie entre les stratégies ?		
Y a-t-il des brevets, marques, etc., détenues par la société ou par un de ses directeurs ?		
Est-ce qu'une tierce personne calcule la valeur actuelle ?		
Êtes-vous listé sur une Bourse ?		
Comment est la structure légale de vos plateformes de gestion ?		
▪ Différentes		
▪ Consolidées		
Y a-t-il eu ou y a-t-il actuellement une procédure officielle, des mesures disciplinaires contre le fonds, ses conseillers, ses directeurs ou ses employés ?		
La séparation des tâches est-elle effective ? Expliquez		
Avez-vous mis en place des dispositifs d'urgence ?		
MÉTHODOLOGIE **Processus d'investissement**		
▪ Bottom up		
▪ Top down		
▪ Autre		
Comment caractériserez-vous vos principes de gestion (investissement ou trading) ?		
▪ Discrétionnaire		
▪ Systématique		
▪ Autre		
Des étapes suivantes, lesquelles sont basées sur le jugement subjectif du gérant ?		
▪ Structure du portefeuille		
▪ Prise de position		
▪ Trade exit		

▪ Stops		
▪ Taille de la position		
▪ Effet de levier		
▪ Sélection de la maturité		
▪ Décision d'arrêt de trading		
La prise de décision se base sur des données		
▪ Fondamentales		
▪ Techniques		
▪ Autre		
La méthodologie d'investissement		
▪ Analyse de régression		
▪ Moyenne mobile		
▪ Reconnaissance de formation graphique		
▪ Oscillateurs		
▪ Autres		
▪ Cyclique		
▪ Situation spéciale		
▪ Arbitrage		
▪ Marché neutre		
▪ Autre		
Comment déterminez-vous les programmes d'investissement des différentes stratégies, les secteurs… ?		
Quelle est la fréquence de changement dans les programmes ?		
Comment l'analyse des corrélations entre les marchés ou actions… influence-t-elle la gestion du portefeuille ?		
Quels sont les instruments négociés en %		
▪ Futures		
▪ Options		
▪ Forwards		
▪ Autres		
▪ OTC forwards		
▪ OTC options		
▪ Swaps		
▪ Cash instruments		
▪ Cash titre		
But de l'utilisation des produits dérivés		
▪ Couverture		
▪ Stratégies de gestion		
Quel est le niveau de rotation du portefeuille		
Si votre méthode de gestion est informatisée et systématique		
▪ Le système est-il déjoué parfois ? Quand ?		
▪ Existe-t-il de multiples systèmes de négociation ?		
▪ Quelle est la fréquence des changements apportés au système ?		
<u>Divers</u>		
Les investisseurs sont-ils informés dans les cas suivants : mineures/majeures modifications sont apportées au niveau investissement/gestion, la gestion de la liquidité ou des méthodes de gestion des risques ?		
Quel est votre avantage concurrentiel ?		
Quelles sont les forces et faiblesses de votre méthodologie ?		
Dans quels environnements votre méthodologie fonctionne-t-elle le mieux/pire		
▪ Marché haussier		
▪ Marché baissier		
▪ Consolidation		
▪ Toutes conditions		
▪ Volatilité élevée		
▪ Faible volatilité		
▪ Autre		
Vos commentaires sur la situation actuelle des marchés et votre stratégie (outlook)		

GESTION DU RISQUE		
Décrire l'ensemble de vos principes de gestion du risque (mise en place de la philosophie des limites…)		
La gestion du risque s'établit		
▪ Par stratégie		
▪ Globale		
L'unité de contrôle du risque est-elle indépendante de l'unité de gestion ?		
Expliquez les normes (et fréquences) de la communication des risques à la direction ?		
▪ Électronique		
▪ Journalière		
▪ Hebdomadaire		
▪ Autre		
Quels sont vos risques de gestion ?		
▪ Transactions		
▪ Marché sous-jacent		
▪ Macroéconomique		
▪ Géographique		
▪ Politique		
▪ Sectorielle		
▪ Crédit		
▪ Types d'actions		
▪ Taux d'intérêt		
Outils de gestion des risques		
Systèmes de risques utilisés		
▪ Système interne		
▪ Risk metrics		
▪ Autre		
Comment le risque est-il calculé ?		
▪ VaR		
▪ Stress tests		
▪ Autre		
Le risque est-il calculé pour chaque position ?		
Comment l'effet de levier est-il déterminé ?		
Quel est le pourcentage de risque investi dans chaque marché/stratégie/position ? Comment les limites sont imposées par rapport aux différents marchés, secteurs, portefeuilles ?		
Expliquer la philosophie des limites : des exceptions seraient-elles accordées pour un temps limité ?		
Stratégie de couverture : niveaux et outils		
Réserve de capital		
Processus de contrôle		
Avez-vous déjà effectué des modifications spécifiques destinées à réduire la volatilité, le levier ? Si oui, pourquoi ? Quand et comment les procédures ont-elles été mises en œuvre ?		
Comment réagissez-vous si le volume et/ou positions ouvertes d'un marché dans lequel vous détenez une position sont soudainement réduits ?		
Quel est votre scénario de stress test en cas de problème de liquidité du fonds ?		
Quels sont les indicateurs ou facteurs fondamentaux qui interviendraient dans la gestion du risque ?		
Les programmes de gestions sont-ils modifiés lors de chutes successives ?		
Durant les périodes baissières auriez-vous tendance à augmenter ou baisser votre intervention dans le système ?		
Les principes de stop loss (principe de liquidation à un certain niveau prédéfini) sont basés sur		
▪ Prix		
▪ Temps		
▪ Volatilité		
▪ Gestion du cash		
▪ Autre		
Comment les stops sont ajustés ?		
Comment procédez-vous lors de l'exécution d'un stop loss ?		

▪ Toute la position est liquidée		
▪ Liquidation graduelle		
Quel est le niveau d'alerte interne d'un stop ?		
Comment l'estimation du risque maximum du portefeuille est-elle déterminée ? Décrivez la méthode par laquelle ce risque est mesuré		
Période de détention		
▪ Clôture de positions gagnantes		
▪ Changement de tendance		
▪ Stops		
▪ Indicateurs : Suracheté/Survente		
▪ Volatilité		
▪ Formation graphique		
▪ Volume/Position ouverte		
▪ Autres		
▪ Changement dans les fondamentaux		
RECHERCHE		
Décrivez vos efforts pour améliorer la méthode de gestion à travers les recherches en cours ?		
Quel est votre budget recherche annuel ?		
Combien d'argent avez-vous investi dans la recherche depuis la création du fonds ?		
Quelles sont vos ressources externes ?		

Notons que le même principe de questionnaire s'applique à tout autre fonds ou même entreprise.

À la difficulté du choix de la méthode d'évaluation s'ajoute encore celle relative à la prévision des bénéfices ou des dividendes, difficulté d'autant plus grande qu'elle porte sur un horizon éloigné et commande le recours aux prévisions des analystes financiers qui sont bien souvent biaisées, comme on l'a vu aux chapitres précédents.

De plus, même si tous les analystes avaient les mêmes prévisions quant au flux des dividendes à venir et à la valeur de revente, il en résulterait des évaluations différentes de la valeur fondamentale de la société : « C'est bien d'ailleurs parce qu'il y a diversité d'appréciation qu'il y a effectivement un marché.[102] »

Ces difficultés justifient et renforcent l'existence de l'écart entre la valeur fondamentale (calculée quantitativement) et le prix boursier.

[102] Sauvage G., (43), chap. 7.

Ajoutons à tout cela que la question du timing des interventions est cruciale : certes, il faut être en mesure d'établir une relation risque/rendement et d'évaluer le potentiel de croissance d'un titre au cours d'une période donnée, mais il faut aussi et surtout être en mesure de dire quand tel ou tel événement se réalisera.

Cet exercice sera facilité par l'apport des analyses cycliques, psychologiques et techniques.

c. Estimation de l'écart O/D et analyse technique

Cet écart est influencé par :

=> La phase du cycle économique et financier, c'est la ***recherche cyclique (partie I).*** Cette recherche examine les forces naturelles, qui alternativement, stimulent et dépriment l'être humain. Ces forces tendent à causer des émotions, dont les résultats sont des extrêmes de peur ou d'anxiété et de cupidité.

=> L'état psychologique des investisseurs, c'est la ***recherche psychologique (partie II)***. Cette recherche examine le comportement émotif des êtres humains qui influencent les prises de décision d'achat ou de vente quand ils sont des investisseurs.

=> L'analyse de la solidité financière de la société est incluse, on l'a vu dans le calcul de la VF en tant que facteur dans le calcul de la prime de risque et elle est aussi incluse en tant qu'information dans le processus d'intégration afin de déterminer l'écart O/D.

=> Les indicateurs de l'analyse technique, c'est la ***recherche technique***. Cette recherche examine les actions qui découlent des prises de décision car ce sont ces dernières qui déterminent le mouvement de cours des actions.

Les trois premiers points ont été largement discutés. On développera dans ce qui suit le quatrième point concernant la recherche technique.

L'analyse technique se base sur le principe suivant : si une part des connaissances, des espoirs, des prévisions, des revenus, des anxiétés, des doutes... sont intégrés dans un dénominateur commun qui est le **prix** ; le graphique du cours d'une action contiendrait donc une part de l'information existante à propos de cette action.

Cette approche trouve en fait son efficacité dans sa capacité de reconnaître une tendance et tente de déceler les caractéristiques de cette tendance, de son maintien ou de son renversement.

En réalité, les tendances de marché sont auto-exécutoires. En ce sens que « même si une tendance est totalement accidentelle, elle peut commencer à générer des signaux valides lorsqu'un nombre suffisant d'opérateurs l'utilisent[103] ». Par conséquent, la vérité partielle derrière l'utilisation de l'analyse chartiste est qu'elle ne constitue pas uniquement une technique servant à déchiffrer le marché. C'est cette même analyse qui crée quelquefois une psychologie particulière.

Il est important de noter ici que ce phénomène s'autodétruit. Autrement dit, quand tous les intervenants adoptent la même analyse, **celle-ci s'autorenforcera graduellement à tel point qu'elle finit par s'autodétruire**... Heureusement, car c'est une des caractéristiques qui assure la survie des marchés financiers !

---

[103] Tvede L., (50), p. 15.

Par la suite, sont présentés brièvement les indicateurs techniques qui permettent de confirmer une tendance ou de prévoir un renversement de tendance.

1. Les indicateurs de confirmation et de maintien de la tendance

***Les indicateurs de la largeur des mouvements tendanciels du marché**

La largeur d'un marché est le nombre de titre poursuivant une tendance haussière ou baissière. Les indicateurs sont les suivants.

- **Ligne avance/déclin :** cette ligne exprime le ratio entre le nombre d'actions en hausse, en baisse et inchangées et indique la capacité de maintien d'une tendance.

$$\textbf{Ligne A/D} = \sqrt{A/U - D/U}$$

A = nombre à la hausse
D = nombre à la baisse
U = nombre d'inchangés

Cette ligne peut être obtenue différemment en calculant le ratio suivant :

Ligne A/D = A/D

Le ratio s'accroît lorsque l'indice commence à monter, et tend à baisser au sommet d'un marché haussier avant l'indice boursier (graphe 17). La raison en est que le cours de nombreux titres, qui sont très sensibles aux tendances économiques ou aux taux d'intérêt, cesse de monter bien avant le marché en général : le marché haussier perd ainsi de la largeur.

Graphe 17
Ligne avance/déclin

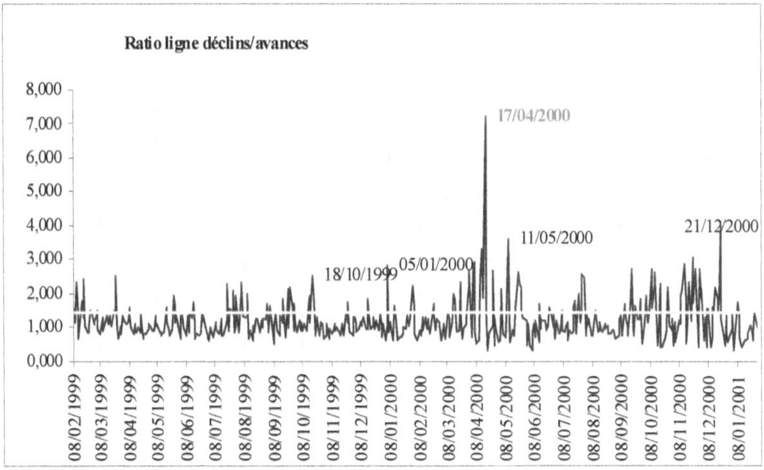

Source : Reuters

- **Nouveaux sommets/nouveaux planchers :** le principe consiste à chercher une confirmation de tendance dans l'indice général en utilisant cet indicateur, qui exprime le nombre d'actions se situant à de nouveaux sommets ou planchers. L'inquiétant c'est quand les nouveaux sommets descendent pendant que le marché est en hausse.

$$\textbf{NS/NP} = \frac{\textbf{nouveaux sommets}}{\textbf{nouveaux planchers}}$$

- **Diffusion :** il s'agit ici de chercher une confirmation de la tendance dans l'indice général par l'expression

du pourcentage d'actions qui se situent au-dessus de la propre moyenne mobile sur 200 jours de l'indice.
L'échelle de cet indicateur va de 0 à 100.
La règle générale veut qu'une tendance haussière du marché boursier soit généralement la plus crédible si une grande proportion de titres individuels se situe au-dessus de leur moyenne mobile sur 200 jours. Si la diffusion commence à diminuer alors que l'indice est en hausse ou inchangé, c'est un signe de danger.

- **Les positions ouvertes :** les positions ouvertes indiquent les montants investis dans un marché donné, à un moment donné. Sur les marchés des futures, des options et sur les marchés forward, il n'y a pas de limite au nombre de contrats d'achat ou de vente existants à un moment donné ; il doit simplement y avoir une quantité égale d'ordres d'achat et de vente. Par conséquent, le nombre de positions ouvertes dépend exclusivement de l'intérêt que les gens ont pour le marché. Les conditions suivantes permettent de valider l'utilisation de cet indicateur.

  . Tant que le consensus haussier évolue sans atteindre un territoire suracheté ou survendu, en règle générale, on doit suivre la tendance de l'indicateur.

  . Ceci est particulièrement vrai si les positions ouvertes augmentent en même temps que l'évolution de la tendance des cours.

  . Si le consensus haussier montre un marché suracheté ou survendu et que les positions ouvertes grimpent simultanément, le signal se trouve éliminé.

.. Si les positions ouvertes chutent, cela indique que l'activité est due à des prises de bénéfice ou des ordres stop limite de perte (stop-losses). Ceci affaiblit la crédibilité du mouvement de la tendance.

.. Si les positions ouvertes chutent et que simultanément le consensus haussier atteint un extrême pour ensuite entrer dans une zone neutre, cela indique retournement de tendance très important.

- **Analogie des marchés :** cette technique consiste à chercher des confirmations mutuelles entre les graphes proches comprenant les secteurs boursiers, les indices généraux, les futures sur indice et les indices boursiers internationaux.

  À cet effet, on utilise **la courbe de performance relative RSL** (Relative Strength Line) qui indique l'évolution d'un titre par rapport à l'ensemble du marché boursier. Ainsi, quand la courbe monte, c'est que l'évolution du titre est plus favorable que celle du marché en général. Autrement dit, le titre monte plus vite que le marché ou bien il monte alors que le marché baisse, ou il baisse moins vite que le marché. Les règles sont les suivantes :

  . si le RSL est dans une tendance baissière, il faut éviter l'action et en chercher une autre ;

  . le RSL permet aussi d'identifier des renversements de situation. Quand l'indicateur progresse du territoire négatif vers un territoire positif, c'est un signal d'achat favorable quand l'action progresse aussi.

*** Les caractéristiques**

Comment pouvons-nous savoir si une tendance va continuer ? Il existe généralement quatre manières différentes d'apprécier les caractéristiques de maintien d'une tendance.

- **Les lignes de support et de résistance** : c'est la méthode la plus efficace car elle est fondée sur la psychologie fondamentale technique des marchés qui part du principe suivant : lorsqu'un marché suit une tendance haussière, les sommets précédents des cours agiront souvent comme des points bas par la suite. On trouve la raison de ce phénomène dans les attitudes de la défense de l'ego. Généralement, un éloignement de la courbe d'environ 3 % par rapport à sa ligne suffit pour confirmer un renversement de la tendance.
- **Les lignes de tendance et les tunnels** : « Il n'y a pas d'explication logique évidente mais on découvre bien vite que tout le monde s'affaire à tracer des lignes sur les graphes[104] ». La règle est la suivante, les lignes et tunnels sont les signaux les plus autorenforçateurs et leur signification augmente avec le nombre de points de contact entre le cours et les lignes. Le concept de tendance exprime la direction de cours tracée. Les mouvements en vague qui caractérisent ces fluctuations de prix se produisent souvent à l'intérieur d'un canal de tendances. Ce canal est l'un des plus valables et utiles pour l'analyste. Tant que les cours restent entre les bornes d'un canal de tendance, celle-ci demeure valable. Seul un dépassement, d'environ 3 à 5 %, à la hausse ou à la baisse signale une nouvelle direction.

---

[104] Tvede L., (50), p. 163.

- **Les moyennes mobiles** : c'est l'un des instruments les plus utilisés dans l'analyse des tendances. Pour tirer profit des moyennes mobiles, il faut :
  . Utiliser les moyennes exponentielles : car elles reflètent la réalité de la décroissance exponentielle de l'influence des cours précédents sur l'évolution du prix actuel.
  . Ajuster la période de calcul selon l'action ou le secteur étudié. Par exemple, pour le secteur technologique il vaut mieux utiliser la moyenne à 150 jours plutôt que celle à 200 jours. Les bases de calculs reflètent les différents horizons d'investissement et sont standardisées ; c'est une des conséquences du caractère auto-exécutoire des indicateurs techniques.
  Les bases de calcul sont les suivantes :

Base de calcul en jours	
Contrats de futures	3, 10, 20, 50, 200
Marchés boursiers	20, 50, 200
Devises comptant	10, 20, 50, 200
Taux monétaires	20, 50

  . Analyser l'interaction de deux ou trois moyennes surtout dans le cas d'un marché sans tendance :
    - Croix dorée[105] : lorsque la moyenne courte à la hausse brise vers le haut une moyenne longue à la hausse, c'est un signal d'achat.
    - Croix de la mort : lorsque la moyenne courte à la baisse brise vers le bas une moyenne longue, c'est un signal de vente.

[105] C'est le chartiste anglais Brian Marber qui a donné naissance au terme de croix.

- Lorsque les pentes des moyennes ne sont pas dans la même direction, aucun signal n'est apparent.

- **Le volume** : les indicateurs du volume doivent confirmer la capacité de maintien de la tendance. Si le marché est à la hausse, le volume doit être plus élevé à la hausse qu'à la baisse (ceci s'explique par les attitudes de défense de l'ego).

Évaluer si une tendance est psychologiquement intacte constitue l'aspect le plus fondamental de l'interprétation d'un graphe. Ensuite, il s'agit de vérifier si on a des signaux détaillés ou des formations. On étudiera ces aspects dans ce qui suit.

*** Les formations graphiques**

Outre un tunnel, on peut observer des formations. Le tableau ci-dessous montre les phénomènes les plus observés et confirmant le maintien d'une tendance.

Tableau 12
Formation graphique : confirmation de la tendance

	Continuation de la tendance				
Formation	**Drapeau ou Oriflamme**	**Gaps**	**Gaps**	**Rectangles**	**Triangles**
Commentaires	Prise de profit temporaire (dure de quelques jours à 3 semaines)	Fourchette de cours avec une absence totale d'intérêts acheteurs ou vendeurs		Conflits entre deux groupes d'opérateurs de marché	Marché où les opérateurs deviennent de plus en plus incertains, ou bien la formation est provoquée par une distribution ou une accumulation isolée dans une tendance intacte.
Volume	Décroissant lors de la formation	Volume très faible		Décroissant lors de la formation	

Les modèles observés ne sont pas toujours identiques à ceux décrits mais il est néanmoins tout aussi important de se familiariser avec leur fondation.

2. Les indicateurs de retournement de tendance

*Les indicateurs des extrêmes de consensus et autres

Chaque hausse (baisse) stimule une nouvelle boucle de feedback qui, à son tour, pousse le cours vers le haut (bas). Cela continue jusqu'à arriver à un extrême, comme on l'a vu au chapitre 4.

Les extrêmes de consensus peuvent être mesurés par les indicateurs de valeur critiques suivants :

- Indicateur de taux de changement ROC (Rate of Change)

Cet indicateur a été proposé en juin 1978 par J. Welles Wilder Jr. dans le journal *Commodities*. Le principe est le suivant : tant que le momentum reste au-dessus d'une valeur neutre dans une tendance haussière ou en dessous dans une tendance baissière, toutes choses étant égales par ailleurs, la tendance reste intacte.

La formule du ROC de calcul est :

$$\text{ROC} = 100 - 100 / (1 + \frac{\textit{moyenne des hausses pendant x jrs}}{\textit{moyenne des baisses pendant x jrs}})$$

La formule est facile à utiliser. Les règles suivantes s'appliquent :

- Il faut être attentif quand, le ROC atteint les limites extrêmes : soit, utilisé le ROC extrêmement élevé dans une reprise, contre une tendance baissière pour vendre court. Par contre, un ROC extrêmement bas doit être utilisé pour acheter dans une réaction secondaire contre un marché haussier. Il faut ignorer cet indicateur si le marché a effectué une sortie d'une large formation de base.

- Il faut être attentif quand le cours atteint un nouveau sommet ou point bas sans que le ROC ne fasse de même.

- De plus, la variable x dépend du titre qui est analysé. Les intervalles les plus couramment utilisés sont les suivants :

Titre analysé	**Variable x**
Indice boursier	14, 40 jours
Actions	20, 40 jours
Devises	14, 20, 40 jours
Obligations	10, 20, 40 jours
Futures et matières premières	10, 20, 40 jours

La raison pour laquelle plusieurs intervalles peuvent être indicatifs pour un marché est liée au phénomène fractal. L. Tvede explique bien ce phénomène quand il note : « Des marchés différents ont des rythmes psychologiques différents.[106] »

- Les limites que l'on doit considérer comme étant critiques dépendent du marché. Typiquement la valeur critique se situe entre 70/30 à 90/10 respectivement. Ces limites peuvent être ajustées asymétriquement, par exemple en choisissant 80/30 dans un marché haussier, ou 70/20 dans un marché baissier.

- Le « Pressure Index »

Le calcul de pressure index intègre la formule du taux de changement. La formule est la suivante :

Pressure Index = **STI** (indicateur court terme) – ROC

Le **STI** se calcule de la façon suivante : il faut prendre le cours de marché le plus élevé au cours des dix derniers jours (H), le cours de marché le plus bas au cours des dix derniers jours (L) et le cours de clôture du dernier jour (C). Et ce, afin de définir les deux variables :

Fourchette = (H – L)

Position de clôture = (H – C)

$$STI\,(A) = \frac{10 \text{ x Position de clôture}}{\text{Fourchette}}$$

[106] Tvede L., (50), p. 200.

Cette étape est calculée pour la situation « aujourd'hui » et « demain » (c'est-à-dire le cours le plus élevé antérieur à hier, etc.) Le résultat est ensuite utilisé de la manière suivante :

$$STI(B) = \frac{STI(A)\ aujourd'hui + STI(A)\ hier}{2}$$

On peut ensuite calculer STI :

STI= 10 x (10 – STI(B))

Le Pressure Index fluctue dans l'intervalle +/- 100, mais en pratique, il ne va que très rarement au-delà de +/-50. Comme dans le cas du ROC, la formule exprime l'enthousiasme du marché, mais vu d'un angle à plus court terme. Elle est donc souvent essentiellement utilisée pour un timing à court terme sur les marchés à terme. Les règles d'application de la formule sont différentes suivant la tendance du marché. Ainsi, dans :

- Un marché *haussier*, un Pressure Index supérieur à 25 indique beaucoup d'enthousiasme et constitue par conséquent un signal renforcé. Un indice en dessous de 25 indique un marché survendu et constitue par conséquent un signal d'achat.
- Un marché *baissier,* un Pressure Index supérieur à 25 indique un marché suracheté et donc un signal de vente. Un signal inférieur à 25 indique beaucoup d'enthousiasme à la vente et confirme la tendance.
- Une *tendance latérale,* un Pressure Index supérieur à 25 ou inférieur à 25 indique une surréaction, un retournement est donc probable.

L'investissement fondé sur l'opinion contraire doit être pratiqué avec grande prudence : il ne faut pas hésiter à acheter quand le consensus est à la hausse, en fait c'est un bon signe tant qu'on n'est pas proche de la valeur critique.

Autres indicateurs

- **CCI :** le « Commodity Channel Index » : mesure en % la bande de prix à l'intérieur de laquelle les mouvements sont considérés dans une zone de congestion. Le changement de tendance s'effectue dès la sortie de la zone. Pour réduire l'éventualité de faux signaux, la ligne du CCI est remplacée par celle de sa moyenne mobile.
- **MACD** ou « Moving Average Convergence/divergence oscillator ». Cet oscillateur utilise les moyennes mobiles exponentielles (alors que le ROC utilise les moyennes mobiles ordinaires). Le meilleur emploi de l'oscillateur est dans les divergences : c'est-à-dire quand la tendance de l'oscillateur est à la baisse ou à la hausse alors que le graphe ordinaire indique une tendance opposée. On est « proche » d'un changement de tendance. Attention, le mot « proche » n'indique pas « quand » le changement aura lieu.
- **OBV** ou « Balance Volume Index ». Cet indicateur, inventé par l'analyste technique Joe Granville, consiste à ajouter à un total cumulatif le nombre d'actions ayant changé de mains durant la journée, si le titre était en hausse à la clôture ou, à soustraire le volume si le titre a fermé en baisse. Cela indique s'il y a prépondérance d'acheteurs ou de vendeurs sur un titre et permet d'évaluer si la tendance – haussière ou baissière – est soutenue, se raffermit ou s'affaiblit.

*** Les caractéristiques**

La distribution et l'accumulation sont une des premières caractéristiques du retournement de tendance.

Lars Tvede résume les caractéristiques générales des retournements de tendances comme suit :

- **Accélération et volume :** une accélération soudaine de la tendance indique un afflux exponentiel d'acheteurs : une nouvelle génération est en train d'acheter le titre.
- **Violation de la tendance :** la violation doit avoir un mouvement d'une certaine amplitude (par exemple, formation graphique en *tête épaule*) et se poursuivre pendant une période suffisamment longue pour que la psychologie subisse des dégâts sérieux (cf. partie II les attitudes de connaissance).
- **Mouvement de choc :** des mouvements significatifs contre la tendance finiront par rendre beaucoup d'opérateurs nerveux (wedges, key & islands reversals).
- **Le temps et le momentum :** la tendance s'arrête pendant si longtemps que petit à petit les investisseurs à long terme perdent patience et abandonnent leurs positions (momentum descendant de la courbe).

*** Les formations graphiques**

Lorsqu'un marché est sur le point d'effectuer un retournement de tendance majeur, on peut parfois déchiffrer ce retournement à partir de formations graphiques classiques.

Le tableau 13 indique les formations graphiques les plus observées lors de retournement.

Tableau 13
Formation graphique : renversement de la tendance

	Renversement de la tendance			
Formation	**Wedge**	**Double/Triple sommets et point**	**Tête et épaules**	**Gap d'épuisement**
Commentaires	Un mouvement où de plus en plus d'investisseurs perdent espoir et se retirent	Les opérateurs de marché abandonnent une tendance car un niveau donné ne peut être brisé	La formation exprime un processus de distribution ou d'accumulation	Fourchette de cours avec une absence totale d'intérêts acheteurs ou vendeurs
Indicateur de volume	Décroissant lors de la formation	Décroissant lors de la formation	Décroissant lors de la formation	Absence de volume

7.2.3. Évaluation du biais

Une fois la VFT définie dans une fourchette de prix, il s'agit maintenant de la comparer au prix du marché pour décider de notre action. La méthode afin d'éviter le piège de la prévision repose sur le choix de quelques ratios financiers : il faut se concentrer sur les chiffres connus ou prévisibles à court et moyen terme et les approcher des chiffres de sociétés comparables ou les replacer dans leur historique afin de détecter une sous ou surévaluation relative.

L'évaluation de l'écart se fait à travers une analyse comparative des ratios suivants.

a. Le PER ajusté

La méthode usuelle est de calculer le PER fondamental (VF/BN) et de le comparer au PER boursier (VB/BN), pour se faire une idée de la validité de l'écart entre la valeur fondamentale et boursière. Une autre méthode consiste à comparer le PER boursier de l'action au PER des autres entreprises qui se trouvent dans le même secteur et d'essayer d'analyser la validité de l'écart. Lors de cette analyse, il ne faut pas oublier que le ratio peut être influencé par :

- la phase du cycle économique : par exemple, il est tout à fait normal que le multiple s'accroît jusqu'au sommet de la phase expansionniste ;
- la qualité du management, le positionnement de l'entreprise dans son industrie et son potentiel à long terme ;
- les taux d'intérêt, le multiple varie en sens inverse du loyer de l'argent ;
- l'entreprise peut également être l'objet de spéculations ou de rumeurs ; si c'est le cas, une prime sera accordée à son cours.

b. Le ratio d'autofinancement : cours/fonds d'autofinancement

Certains secteurs (média, pharmacie et haute technologie) sont difficiles à analyser simplement à partir du PER. C'est le cas d'entreprises qui investissent lourdement en recherche et développement ou qui ont d'importants besoins de financement. Dans ce cas, il est préférable de fonder nos analyses sur la base du ratio d'autofinancement.

c. Le rendement en dividende : dividende annuel/cours

L'action dont la plus grande part du rendement provient du dividende est plus sensible à l'évolution des taux d'intérêt. Ce type d'entreprise (bien établi et qui ne peut être considéré comme une entreprise dite de croissance), afin de conserver l'attrait pour son action, devra verser à l'investisseur un dividende supérieur à celui qu'il pourrait obtenir sur un certificat de dépôt par exemple, ajusté du potentiel d'appréciation du cours.

d. Les limites de la méthode d'évaluation à partir de ratios relatifs

Cette méthode est critiquée :

=> Relativité sectorielle : il peut être parfois difficile d'identifier un secteur d'activité spécifique à une entreprise donnée. Ce rapprochement n'est pas toujours aisé à établir et s'il est erroné, il peut conduire à de fausses conclusions.

=> Relativité statique : étant donné la faiblesse de toute approche statistique et historique, les ratios relatifs sont statiques.

Prenons comme exemple le krach de 1990. Dans un article publié le 22 octobre 2000, intitulé « How Can You Tell a Bear Market is Over » par Birinyini Associates, plusieurs indicateurs (ratio P/E, rendement du dividende, bon du Trésor : long et court terme) ont été analysés afin d'identifier celui qui aurait détecté le plancher pour le S&P500 en octobre 1990. Les bons de Trésor à maturité de 3 mois ont donné un signal d'achat le 10 mai 1991. Les bons de Trésor à longue maturité l'ont signalé en mars 1993. Mais ni le PER ni le rendement du dividende n'ont donné le signal de la fin du *Bear Market* depuis 1990.

La possibilité de calculer la valeur fondamentale est ainsi mise en doute, car la décomposition du prix en éléments objectifs et subjectifs et l'instabilité des systèmes économiques et financiers rendent difficile le calcul de la valeur d'un actif.

Il n'existe pas de consensus sur la méthode d'évaluation du marché et des actions[107].

Il faut être conscient de la difficulté de cet exercice, et essayer d'approcher la valeur réelle, en la situant dans une fourchette[108] et procéder à des anticipations et par conséquent à des révisions et des ajustements réguliers du portefeuille géré.

Ceci dit, l'écart entre le prix boursier et la valeur fondamentale crée une incertitude dans l'environnement financier, et rend toute gestion de portefeuille sujette à des risques.

L'existence d'un facteur de risque justifie l'existence et l'introduction de modèles d'évaluation des risques qui nécessitent la mise en place d'un système de contrôle de gestion.

7.3. La gestion du risque : les systèmes de contrôle

Selon G. Soros[109] « le sens du risque est indispensable pour survivre dans des situations extrêmes ». Nul doute que G. Soros voit juste, mais ce sens ne peut être développé qu'après avoir défini avant tout une politique d'investissement et de contrôle par rapport à un profil donné de gestion et après avoir identifié les risques associés au portefeuille sous gestion.

---

[107] Surtout dans le cas de sociétés en phase de croissance. Alors que celles en phase de maturité, la formule de Gordon & Shapiro est intéressante puisqu'elle rend compte de l'évaluation de ces sociétés-> Volatilité faible puisqu'on dispose d'outils de prévision testés et valables.

[108] Le fait de disposer de plusieurs méthodes et de les recouper est un avantage.

[109] Soros G., (47).

On présentera ainsi, dans un premier temps, les principes qui permettent de définir un cadre de gestion pour, dans un deuxième temps, exposer les fonctions de contrôle qui permettent d'assurer une bonne gestion des risques.

7.3.1. Les contraintes et les objectifs de placements : définition du cadre de gestion

Le contrôle passe avant tout par la définition du cadre de gestion du portefeuille suivant un plan d'action prédéterminé. Tout d'abord, on doit procéder à une sélection dans un contexte de maximisation du rendement. Le mot maximisation doit être interprété ici comme étant le rendement le plus élevé compte tenu des objectifs de placements et du degré d'acceptation du risque.

a. Le choix du type de gestion

=> Tout d'abord, il s'agit de choisir le type de gestion le mieux adapté au profil de gestion. Le tableau 15 présente les types de gestion standards.

=> Après avoir choisi le type de gestion, on doit définir une allocation d'actifs stratégiques. Cette tâche est facilitée si on se réfère au tableau 16, qui permet de pondérer la répartition des fonds entre les diverses formes de revenus (intérêts, dividendes, gains en capital) et les diverses catégories de titres (comptes bancaires, certificats de dépôts, actions, produits dérivés, niveau de couverture requis, niveau de levier permis). En fait, ce tableau permet de définir le degré d'autonomie général de la gestion.

Il est important de noter à ce niveau que l'utilisation de la volatilité historique comme niveau de risque est erro-

née, puisque c'est une mesure historique de prévision, elle ne peut en aucun cas être une mesure de risque pour l'allocation des actifs. À titre d'exemple, diverses allocation d'actifs par portefeuille nous donne la performance suivante en 2008.

Tableau 14
Portefeuilles diversifiés : 6 classes d'actifs

Portefeuilles / Allocation d'Actifs	Marché Monétaire	Obligations	Actions	Immobilier	Commodity	Private equity
Portf 1	21%	35%	20%	10%	14%	0%
Portf 2	6%	40%	20%	14%	15%	5%
Portf 3	0%	20%	35%	19%	16%	10%
Portf 4	0%	0%	30%	30%	23%	17%

	Portf 1	Portf 2	Portf 3	Portf 4
Performance annuelle réelle 2008	-18%	-26%	-41%	-52%
Volatilité historique (1994-2007)	5.83%	7.33%	10.09%	12.26%
Performance historique (1994-2007)	7.81%	8.66%	9.73%	10.70%

Il faut comprendre que la stratégie d'allocations d'actifs, afin de soi-disant diversifier les risques d'un portefeuille, n'est valable que dans un environnement ou cycle haussier où tout le souci du gestionnaire est de générer un alpha par rapport aux indices de référence et gérants du même profil pour justifier ses charges de gestion ! Cette stratégie est inefficace sous d'autres conditions de marchés… toute stratégie de gestion directionnelle ne justifie pas les frais de gestion payés puisque la performance n'est pas supérieure aux indices de référence du portefeuille que dans des cas très rares.

b. La fixation des objectifs et de la politique de gestion

À ce stade, il s'agit de décider de l'allocation optimale des titres dans le portefeuille et de fixer les limites de gestion, tels :

=> Le niveau de fluctuation maximal en pourcentage (négative ou positive) du portefeuille ou d'une position qui pousserait à une liquidation éventuelle.

=> Les benchmarks ou indices de référence en tant qu'outils de comparaison.

=> Les techniques de gestion à inclure dans la gestion du portefeuille. Autrement dit, il faut préciser les limites des ratios suivants :

- ratio Y/L : effet de levier sur actions, options ou futures ;
- ratio Y/H : couverture du portefeuille ;
- ratio Y/S : opérations spéculatives.

  L, H et S étant respectivement les sommes allouées à des opérations de transactions sur marge de levier, de couverture et de spéculation. Le tableau 17 résume le plan d'action.

Tableau 15
Classification standard des types de gestion

Risque	Type de gestion/ d'investisseur	Objectifs de placement	Allocations des titres (exemple %)	Mesures de gestion
Très élevé	**Agressif**	Appréciation du capital Croissance maximale en 1 an	**Y maximal** 81 %<Y<100 %	Levier utilisé Opérations spéculatives
Élevé	**Dynamique**	Appréciation du capital Croissance et rendement supérieurs à la performance moyenne indicielle	**Y dominant** 51 %<Y<80 %	Levier utilisé Opérations spéculatives et diversifications stratégies
Moyen	**Équilibré**	Appréciation du capital Croissance et rendement moyens suivant la performance indicielle	**Y et X équilibrés** 21 %<Y<50 %	Diversification stratégies Quelques opérations spéculatives
Faible	**Conservateur**	Protection du capital optimale Croissance inférieure à la performance moyenne indicielle	**X dominant** 1 %<Y<20 %	Minimum de fluctuations à très court terme et opérations spéculatives très limitées Les pertes potentielles sur les instruments Y devraient être compensées en partie par les gains espérés sur les instruments X
Très faible	**Défensif**	Protection du capital maximale Revenus d'intérêts réguliers	**X maximal** X = 100 %	Opérations spéculatives interdites

X représente les titres à rendements fixes et Y ceux à rendements variables

Tableau 16
Grille de structure de portefeuille

Type de gestion / d'investisseur	**Conservateur**		**Équilibré**		**Dynamique**		**Agressif**	
Risque	**Faible**		**Moyen**		**Élevé**		**Très élevé**	
X Protection du capital Revenu d'intérêts réguliers	**99 %**	**80 %**	**79 %**	**50 %**	**49 %**	**20 %**	**19 %**	**0 %**
Marché monétaire	60 %	50 %	40 %	20 %	10 %	5 %	0 %	0 %
Dépôt bancaire								
- Bons du Trésor - Obligations gouvernementa-les dont l'échéance est inférieure à 3 ans								
Obligations	39 %	30 %	39 %	30 %	39 %	15 %	19 %	0 %
Obligations de premier ordre								
Obligations de second ordre								
Fonds garantis								
Obligations convertibles								
Y Appréciation du capital	**1 %**	**20 %**	**21 %**	**50 %**	**51 %**	**80 %**	**81 %**	**100 %**
Junk Bonds								
Actions								
Titres à rendement blue chips Titres de croissance								
Titres spéculatifs								
Short Actions								
Produits dérivés								
Contrats à terme								
Options et warrants								
Fonds communs de place-ment								
Hedge funds								
Autres								
S Part des opérations spéculatives Y/2	1 %	10 %	11 %	25 %	26 %	40 %	41 %	+

* Un portefeuille équilibré doit être composé d'au moins 50 % de titres X, et au maximum de 25 % d'instruments spéculatifs S.

* Les options peuvent être comprises dans un portefeuille, même s'il est à risque faible à moyen et ce, grâce à des stratégies d'options spécifiques, telles que bull ou bear spread, achat de straddle ou strangle…

* Il faut spécifier la part du portefeuille qui sera allouée à la spéculation, ainsi que les instruments financiers qui peuvent être utilisés : options, futures, titres, junk bonds, part des fonds communs non garantie.

Tableau 17
Grille d'allocation optimale

Type de gestion /d'investisseur	Mesure du portefeuille		Allocation des titres	
____________________	**Horizon**[1]	**Benchmark**[2]	**%ge**	**Engagement en devise**[3] ----------------
X Protection du capital Revenu d'intérêts réguliers				
Marché monétaire	Court	Taux d'intérêt		
Dépôt bancaire				
- Bons du Trésor - Obligations gouvernementales dont l'échéance est inférieure à 3 ans				
Obligations	Moyen à long	Taux d'intérêt		
Obligations de premier ordre				
Obligations de second ordre				
Fonds garantis		Variables		
Obligations convertibles	Moyen à long	Taux d'intérêt		
Y Appréciation du capital				
Junk Bonds				
Actions				
Titres à rendement blue chips Titres de croissance				
Titres spéculatifs				
Actions short				
Produits dérivés				
Contrats à terme				
Options et warrants				
Fonds commun de placement				
Hedge funds				
Autres				
S Part des opérations spéculatives				

(1) Indépendamment du niveau de risque
et suivant les besoins du client et son degré d'autonomie
= Très court terme (< 1 an) Court terme (1-3 ans) Moyen terme (3-5 ans) Long terme (> 5 ans).
(2) Benchmark = Taux d'inflation – Indice à spécifier –
Rendement espéré – Taux bancaires à x mois – Autres.
(3) Engagements en devises : dans le cas où des investissements sont faits dans une devise différente de la devise de référence spécifiée, il faudra préciser si l'on désire protéger le placement contre le risque de change.

7.3.2. Les fonctions de contrôle

Le métier de contrôle revêt une importance capitale en ce qui concerne la mise en place et le suivi des modèles de valorisation utilisés et des limites de risques autorisées, qu'il s'agisse de limites de risques de marché ou de contreparties. Le tout afin de prévoir et d'atténuer les risques encore à venir.

a. Les risques de marché

1. L'identification des facteurs de sensibilité

Le risque de marché stricto sensu est défini comme le risque de perte qu'une position peut entraîner dans l'hypothèse d'évolution défavorable des paramètres de marchés. Les paramètres sont les taux d'intérêt et les prix des créances, les cours de changes, les cours d'actions, les prix de matières premières et d'indices boursiers, d'une part, et les volatilités de ces paramètres pour les opérations conditionnelles, d'autre part.

Il faut comprendre l'origine du risque et le décomposer par degré. Tout d'abord, le risque d'une position globale sur plusieurs instruments de nature différente doit être analysé suivant les composantes suivantes :

- le risque spécifique du titre (qui inclut dans son sens large, les risques de liquidité, de contrepartie…) ;
- le risque de change ;
- le risque de taux ;
- le risque de marché et de volatilité.

À l'intérieur de ces catégories de nouvelles subdivisions interviennent jusqu'au niveau élémentaire représenté par le facteur de risque. Au sens large, le facteur de risque pourrait se définir comme tout élément dont l'existence et ou l'évolution future est inconnue et imprévisible aujourd'hui et qui sera en mesure d'influencer la valeur de marché d'un portefeuille donné.

Les facteurs de risque doivent être aussi nombreux pour expliquer clairement les variations dans la valeur de marché d'un portefeuille. Mais, afin d'estimer le risque par une mesure quantitative (c'est l'objet de cette troisième partie), on ne retiendra comme facteurs de risque que ceux classés comme récurrents (ex. : le taux de change USD/EURO), observables (ex. : le prix du baril de pétrole) et quantitatifs (ex. : le niveau de l'indice NDX), qui constituent l'information disponible.

« Le choix des facteurs de risque reflète d'une certaine manière de la compréhension du "phénomène" marchés financiers[110] ». La sensibilité de la valeur de marché d'un portefeuille à la variation d'un facteur de risque est la mesure de l'influence du facteur de risque, ou plus exactement de sa variation, sur cette valeur de marché.

La variation de la valeur de marché d'un portefeuille s'écrit suivant la notation matricielle :

$$dV \approx \delta' \, dF + \frac{1}{2} \, dF' \, \gamma dF$$

dF désigne le vecteur de variation des facteurs de risques
δ désigne le vecteur des dérivées premières
γ désigne le vecteur des dérivées secondes

[110] Philippe Bernard, Vincemt Joulia, Bruno Julien-Laferrière, Jean Tardis, *Mesures et contrôle des risques de marché*, Economica, 1996.

Les sensibilités des divers instruments aux facteurs de risque relatifs sont ainsi estimées à partir des calculs suivants :

*** Le bêta pour les actions** :

$$dV = \alpha + \beta I + \varepsilon , \qquad \beta = dV/dI$$

ε représente le risque spécifique du titre, et β le risque systémique du titre ou le bêta. β est le coefficient de sensibilité du cours par rapport à son indice de référence I. En termes mathématiques, c'est la pente de la courbe qui ressort de la régression linéaire entre le cours et le rendement du marché et ce, pour une période donnée.

*** La duration et la convexité pour les obligations** :

$$D \equiv \sum_{i \in I} t_i = \frac{CF_i / (1+TRA)^{t_i}}{\sum_{j \in I} CF_j / (1+TRA)^{t_j}}$$

La duration, exprimée en années, représente en quelque sorte la maturité moyenne de la chronique de flux. En effet, il s'agit de la durée moyenne des flux de la suite de paiement, pondérée par la valeur actualisée de chaque flux. La sensibilité, quant à elle, mesure la variation relative de la valeur de marché de la chronique de flux par rapport à une variation du TRA. Et se calcule comme suit :

Sensibilité = D/(1+TRA)

*** Les greeks pour les options**

Pour avoir une vision des risques, il est nécessaire d'analyser un portefeuille d'options au travers de ces dérivées usuelles : le delta, le gamma, et le Véga.

Ces dérivées permettent de quantifier la sensibilité du portefeuille à un mouvement du sous-jacent (S_0) (le delta : dérivée première en S_0) ou de sa volatilité (le Véga : dérivée première en σ), et l'effet d'accélération (le gamma : dérivée seconde en S_0 et qui tient compte du problème de convexité des options) que les variations du sous-jacent induisent sur la valeur du portefeuille.

Enfin, il faut aussi évaluer la sensibilité de la valeur de marché d'un portefeuille au simple écoulement **du temps**. Cette sensibilité concerne des phénomènes aussi divers que :

- les tombées de coupons ou dividendes ;
- l'augmentation du couru ;
- l'effet thêta (dérivée première en t) des options ;
- l'arrivée à échéance de certains instruments.

2. Les principes de modélisation

Le risque total d'un portefeuille est la perte potentielle de sa valeur de marché. Mesurer ce risque nécessite la modélisation des variations possibles des valeurs de marché, selon des circonstances probables et extrêmes, résultant des variations des facteurs de risques et de leurs interrelations.

Par conséquent, **l'analyse du risque doit s'opérer sur trois dimensions :** l'étude des sensibilités, le calcul de la Value at Risk (VaR) et le « stress testing » ou la simulation de scénarios extrêmes.

Dans ce qui suit, on décrira brièvement chaque dimension, l'objectif étant d'exposer les pratiques actuelles de contrôle du risque des portefeuilles soumis à une variété de risques. Notons que chaque dimension trouve son intérêt dans la compréhension du risque à mesurer et trouve son importance selon les conditions du marché.

***Les tableaux de sensibilité et les matrices de risque**

Cette approche consiste à éditer quotidiennement une série de tableaux représentant l'ensemble des sensibilités aux facteurs de risque. Pour les instruments non linéaires, c'est-à-dire essentiellement pour les options, il est d'usage de présenter des matrices de risque.

Ces matrices font état du P&L potentiel qu'entraînerait une variation conjointe du sous-jacent et de la volatilité implicite de ce sous-jacent.

*** La méthode de la « Value at Risk » (VaR)**

Le calcul de la VaR est proche de celui de l'écart type. Cette méthode permet sur des hypothèses statistiques et, à partir d'un intervalle de confiance et d'un horizon temps déterminés, de définir les variations de la valeur d'un portefeuille en fonction d'une évolution probable des facteurs de risques.

Le calcul de la VaR impose le choix d'un certain nombre d'**hypothèses** :

- la stabilité des positions jusqu'à l'horizon de détention : l'horizon de risque est l'instant futur auquel on se place pour envisager tant la valeur de marché du portefeuille que les sensibilités de cette valeur aux différents facteurs de risque ;
- une linéarité presque parfaite ou une approximation satisfaisant à l'ordre de deux de la valeur de marché par rapport aux facteurs de risque ;
- la multinormalité du comportement conjoint des facteurs de risque.

Avantages de la méthode :

- **Allocation des ressources et évaluation de la performance :** la VaR permet de définir un dénominateur commun aux divers risques de marché afin de les comparer. De plus, le ratio Résultat/VaR permet de déterminer en quelque sorte une rentabilité corrigée du risque pour chaque type d'activité. La VaR peut être utilisée afin d'ajuster la performance du portefeuille au risque.

- Le risque total du portefeuille peut être **décomposé en plusieurs VaR.** Ceci permet d'appréhender les positions qui contribuent le plus au risque.
- Cette technique permet de **fixer des limites de positions** aux traders.

La technique de la VaR doit être impérativement accompagnée de celle du stress test pour la simulation des scénarios extrêmes.

*** Le « stress testing »**

Ce test consiste à spécifier plusieurs scénarios extrêmes et défavorables des conditions de marché, au cours d'un certain horizon de temps et à évaluer ainsi le P&L du portefeuille. Les avantages de cette technique sont les suivants.

- Les scénarios sont établis en fonction de l'intuition et du jugement du gérant. Ils ne sont donc pas fonction d'une quelconque forme quantitative du risque (c'est-à-dire, linéaire ou quadratique…). Alors que la VaR est une mesure statique fondée sur l'hypothèse de la normalité des distributions des rendements des cours. La question qui se pose lors de l'établissement d'un contrôle de stress testing est la suivante : qu'en serait-il si un de ces scénarios venait à réalisation ? Par conséquent, aucune probabilité n'est associée aux scénarios.

- Alors que la VaR est une bonne mesure du risque instantané (ce qui aurait été largement suffisant si le portefeuille est composé de titres constamment liquides et le risque du portefeuille géré de façon continue), la technique du stress test permet de simuler les passages d'un marché stable à un marché instable et vice versa.
  Elle permet aussi de prendre en considération les phénomènes observés dans le processus global : et ceci, car cette technique permet d'analyser les variations de valeurs du portefeuille en réponse à des changements de conditions extrêmes (effet Noé) et ou, persistantes (effet Joseph).
- La technique du stress testing ne repose pas sur des hypothèses, comme c'est le cas du modèle de la VaR, telle la stabilité des positions, des corrélations et des volatilités (dont les sauts déstabilisants continuent de surprendre !).

Cette technique permet ainsi l'identification de risques impossibles à identifier par des mesures statiques.

b. Les risques de gestion : organisation de la fonction de contrôle

Afin de suivre et de contrôler ces risques, il est essentiel d'établir des normes de gestion de portefeuille en question et de répartir les fonctions de contrôle comme suit.

1. Le contrôle de portefeuille initial

Le but est de vérifier si l'allocation stratégique optimale choisie correspond bien au profil de gestion et aux conditions du ou des marchés.

2. Le suivi de portefeuille périodique

*** La définition des limites de risque**

La définition des limites de risque permet de déterminer de façon limitée la protection et la rentabilité d'un portefeuille[111]. Pour définir des limites de risque, il importe d'abord de préciser ce que l'on veut limiter, et pourquoi !

Les méthodes standards consistent dans leurs principes à établir une grille de mesure du type :

*Risque = Position * pourcentage (fonction de ladite position)*

Notons par ailleurs qu'une certaine prise en compte des compensations des risques entre positions opposées doit être admise et traduite dans une additivité des risques du type :

Risque sur position (1 et 2) < Risque sur position (1) + Risque sur position (2)

(Par exemple, les stratégies options : spread, straddle…)

Principalement, deux types de limites de risque doivent être définis :

- **Les limites d'activités** : ce sont les limites de pertes fixées à une activité au-delà desquelles l'activité doit cesser. La perte maximale autorisée doit être en rapport, bien évidemment, avec les fonds disponibles. Il

---

[111] Cette tâche doit être réalisée sans pour autant poser des entraves au bon fonctionnement de l'activité de gestion.

convient donc de fixer un stop loss aux activités. Le stop-loss sera défini en cohérence avec l'objectif fixé de combien accepte-t-on de perdre pour gagner X ?

- **Les limites de positions en sensibilité** : disposant en temps réel ou presque des sensibilités, on peut s'assurer en permanence du respect des limites fixées et, en cas de dépassement, on aura les moyens de revenir dans nos limites par la prise d'une position permettant une réduction de la sensibilité.

Respect des ratios

Le but est de contrôler la bonne application et le respect des ratios agréés. En ce sens, un contrôle automatique est nécessaire afin de détecter le plus tôt possible les écarts entre les ratios actuels et les ratios agréés comme indiqué dans le tableau 18 suivant :

Tableau 18
Suivi des écarts de structure

-	Ratios agréés	Ratios actuels	Écart
Structure X/Y			
Spéculation Y/S			
Hedging Y/H			
Levier Y/L			

* Le contrôle de performance

Il s'agit ici de faire une analyse comparative et historique des performances du portefeuille.

Tableau 19a
Analyse comparative des performances du portefeuille

Du ---------- Au ------------	**Benchmark**	**Position actuelle**	**Écart de performance**
Obligations convertibles	----------	----------	----------
Junk Bonds	----------	----------	----------
Titres à rendement blue chips	----------	----------	----------
Titres de croissance			
Titres spéculatifs	----------	----------	----------
Options et warrants	----------	----------	----------
Fonds	----------	----------	----------
Fonds alternatifs			
Autres	----------	----------	----------

Tableau 19b
Analyse historique de la performance du portefeuille

Durée / dates	Performance
------------------	------------------
------------------	------------------
------------------	----------------
------------------	------------------
------------------	------------------
------------------	------------------

Chapitre 8
Les solutions aux marchés chaotiques

Le système financier ne cesse de changer. Les nouvelles caractéristiques des marchés, bien souvent identifiées à des irrégularités, ne peuvent pas être négligées lorsqu'elles deviennent persistantes, puisqu'elles entraînent un changement dans la structure et le fonctionnement de ces marchés.

Les outils d'analyse identifiés au chapitre précédent seront maintenant intégrés au sein d'une méthode de gestion de portefeuille.

8.1 - Nouvelles technologies de l'information, nouvelles économies… nouveaux marchés : les nouvelles caractéristiques

➔ ***Le développement de systèmes en temps réel*** a apporté des améliorations au niveau :

- *des transactions boursières*, par la réduction du coût de passation des ordres et la rapidité de leurs exécutions ;
- *de l'efficience informationnelle*, par la rapidité de la circulation de l'information ;
- *de l'intermédiation financière*, par l'accès d'une nouvelle catégorie d'investisseurs aux marchés financiers

qui s'est traduite par un accroissement des flux de capitaux vers ces marchés ;

- *de la diversification des portefeuilles, par la possibilité de la création de panier d'actions ou d'indices globaux....*

Cette diversification ainsi que la globalisation de l'économie ont rendu les économies du monde plus vulnérables entre elles favorisant la multiplication des *effets « papillon »*.

➔ **Nouvel investisseur et accroissement de la volatilité** : Le temps de réaction aux informations étant pratiquement instantané... l'accroissement de volatilité est accentué par l'accès aux marchés de toutes sortes d'investisseurs et d'agents financiers (même inexpérimentés).

De fait, on assiste alors à la réduction de l'horizon d'investissement.

La transition progressive d'un marché dominé par les investisseurs à horizon long, à un marché dominé par les « gestionnaires à court terme » a été très rapide[112] et a largement modifié le concept de la gestion de portefeuille. Ceci favorisant l'essor des fonds alternatifs.

➔ L'accroissement des capacités de calcul des ordinateurs a permis la mise en place d'outils de modélisation mathématiques qui ont facilité la création, « l'évaluation » et l'échange de produits financiers complexes dont notamment ***les produits* dérivés** :

---

[112] Les maisons de courtage encouragent ce genre de gestion agressive, puisqu'elle augmente significativement le volume des transactions journalières.

- ***stratégies d'options*** *: long ou short option, straddle, butterfly...* ;
- ***produits structurés*** *: des simples structures « Plain Vanilla » aux plus complexes (qui permettent de cacher les frais réels empochés par la banque émettrice au détriment des clients)* ;
- produits découlant de la **titrisation d'actifs** peu liquides : par la transformation de ces actifs en valeurs mobilières facilement négociables... Ces derniers ont rendu possible la séparation du risque d'un titre et sa réallocation de façon plus diversifiée sur les marchés.

Le problème est que ces instruments ont entraîné un accroissement des risques puisqu'ils ont facilité la gestion spéculative.

CDO et CDS

Dans le souci d'alléger leur bilan et de le rendre conforme aux ratios (cook et autres) ; les banques libèrent une partie de leurs créances en les « titrisant », c'est-à-dire en les transmettant à d'autres investisseurs sous forme de CDO - Obligation adossée à des actifs (CDO - Collaterised Debt Obligation) et tous leurs dérivés : CDO square, cube et synthétiques. Un CDO est une obligation sécurisée par un ensemble d'actifs comprenant généralement des crédits bancaires, des obligations, des CDS. Ce sont des titres de dettes émis par une structure ad hoc, dénommée véhicule de titrisation, qui achète et détient des obligations émises par des entreprises ou des banques.

Des CDS[113] – Credit default swap – ont été créés pour garantir l'acheteur contre le risque de défaut de paiement d'un crédit. L'acheteur verse une prime[114] périodiquement (le CDS spread, la prime est exprimée en pourcentage annuel du nominal). Le vendeur s'engage alors à indemniser l'acheteur du CDS en cas de réalisation d'un événement de crédit portant sur l'entité sous-jacente (défaut, restructuration… tel que stipulé dans le contrat). Ces contrats sont échangés de gré à gré dans un marché opaque et peu régulé. Un aspect fondamental des CDS est donc le risque de contrepartie.

Cela dit, nous verrons dans ce qui suit comment l'avidité des agents financiers (vendeurs, banquiers, investisseurs, gérants de portefeuilles…), l'incapacité des autorités à contrôler les opérations financières complexes et à limiter les transferts de risques et l'indifférence du plus grand nombre à remettre en cause les méthodes d'évaluations de titres non liquides ou non cotés, se sont conjuguées pour finir dans le meltdown financier 2007-2009.

Exemple : le krach financier et économique 2007/2009

Les faillites de 2008 ne sont que le prolongement des difficultés que rencontrent les banques d'affaires depuis 2007 : signaux ignorés et camouflés par la communauté financière[115]. Les faits sont comme suit :

---

[113] Semblable à l'achat d'un put sauf que les CDS sont des contrats bilatéraux !

114 Les montants des primes (ou spreads) payées sur un émetteur donné donnent une indication de l'appréciation qu'a le marché de la qualité de cet émetteur.

[115] Depuis le début de la crise hypothécaire en 2007, les banques centrales injectent des liquidités (prêtent aux banques, à très court terme), en vain.

- les **actifs toxiques** : actifs mal évalués et mal comptabilisés, sous-jacents de produits dérivés présentés comme nouveautés financières ;

- le **laxisme monétaire** qui a régné au cours des dernières années ;

- les **agences de notations,** dans le souci d'augmenter leur rentabilité, ont perdu de leur objectivité[116] ;

- un système de **gestion du risque** insuffisant : qui ne reconnaît pas l'inefficience des marchés financiers et se base sur le principe de la normalité des prix ! Parce qu'il est plus simple de prétendre pouvoir prévoir les risques ? et présenter des chiffres de risques prévus dans les états journaliers sans tenir compte des vrais extrêmes et du principe de corrélation (toujours faux en cas de crise) et d'absence de liquidité… enfin toutes les raisons citées dans ce livre[117].

L'éclatement de la bulle des crédits « subprime » (prêts immobiliers accordés à des ménages aux revenus modestes) entraîne une crise bancaire. Dans les détails,

2007 :
5 mars : Premiers signes d'éclatement de la bulle spéculative immobilière avec la HSBC (plus grande banque

[116] Ces agences ont, depuis 2000, allégé leurs critères d'annotations et modifié leurs modèles d'évaluations.

[117] Avidité des gérants de portefeuilles et de toutes les autres cellules de contrôles (ex. : cas Kerviel de la Société Générale et bien d'autres plateformes de gestion qui ont enregistré de lourdes pertes liées à l'échec des politiques de suivi du risque que ce soit aux niveaux des procédures internes d'informations ou de calculs). Notons aussi que les investissements dans les systèmes et plateformes de technologies internes aux institutions financières n'ont pas été suffisants.

européenne en termes de valeur boursière) qui déclare de grosses pertes sur les crédits hypothécaires américains suite aux défauts de remboursements.

2 avril : New Century Financial Corp. fait faillite – numéro 2 du subprime américain – spécialisée dans les crédits aux plus démunis.

17 juillet : la banque d'investissement Bear Stearns Cos. annonce la faillite de deux fonds subprime spéculatifs.

19 juillet : le gouverneur de la Fed, Ben S. Bernanke, annonce au Sénat américain que les pertes dues aux produits subprimes se chiffrent aux alentours de $100 MDS.

9 août : la banque française BNP Paribas annonce le gel de trois fonds d'investissement exposés au marché du subprime : la banque n'arrive plus à les évaluer.

Les Bourses plongent. Quelques jours plus tard, la Réserve fédérale (Fed) baisse ses taux d'intérêt directeurs.

14 septembre : la Banque d'Angleterre accorde un prêt d'urgence à Northern Rock plc. pour éviter sa faillite (la banque est nationalisée en février 2008) ;

Octobre : les banques UBS et Citigroup annoncent être aussi touchées par la crise. American International Group (AIG) est en grosse difficulté : le plus grand assureur mondial ne peut plus couvrir ses obligations de garantie des défauts de crédits-CDS : AIG a vendu $441 milliards d'assurances sans couverture et sans assez de réserves.

2008

Durant la première partie de l'année, les agents financiers spéculent sur les matières premières, pénalisant entreprises et consommateurs.

Aux États-Unis la hausse des taux d'intérêt (de 1 % en 2004 à 5,25 % en 2008) et la chute progressive du prix de l'immobilier mettent en difficulté de nombreux particuliers[118] qui n'arrivent plus à rembourser leurs prêts.

C'est le credit crunch : en panne de liquidités et surtout de confiance, les banques cessent de prêter les unes aux autres ainsi qu'aux particuliers et aux entreprises.

16 mars : sous la pression du gouvernement américain, JP Morgan Chase achète Bear Stearns Cos. pour 7 % de sa valeur boursière.

12 août : UBS AG, la plus grande banque suisse, doit faire face aux massifs retraits de dépôts. Pour y remédier la banque annonce un plan pour séparer son unité d'investissement de celle de la gestion de portefeuilles (Wealth management).

Juillet/août : les cours en Bourse de Freddie Mac et Fannie Mae, les deux institutions quasi gouvernementales américaines du refinancement hypothécaire, s'effondrent.

7 septembre : le Trésor américainw garantit leurs dettes à hauteur de 100 milliards de dollars.

15 septembre : Lehman Brothers, la 4e banque d'affaires américaine, fait faillite et Merrill Lynch (graphe 17) est rachetée par Bank of America.

16 septembre : AIG est sauvé par le gouvernement américain qui lui octroie une aide de 85 milliards de dollars en échange de 80 % de son capital.

---

[118] Pendant la période du boom immobilier les débiteurs se refinançaient sous de meilleurs conditions, étant donné les plus-values de leurs hypothèques, ou vendaient avec des plus-values réalisées ! Ce qui n'est plus possible depuis l'éclatement de la bulle immobilière.

Graphe 18
Exemple Merrill Lynch : de $50 à $10 en 2008

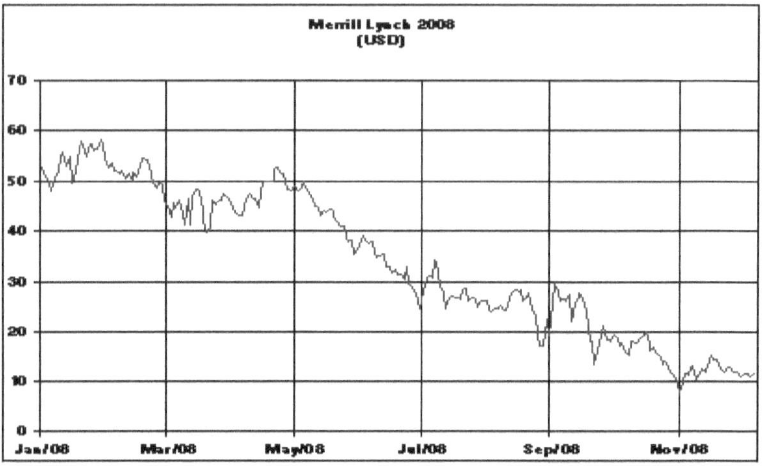

Source : Bloomberg

Le graphe ci-dessous représente la chute des valeurs boursières de certaines sociétés financières de janvier 2007 à janvier 2009.

Graphe 19
Valeurs boursières

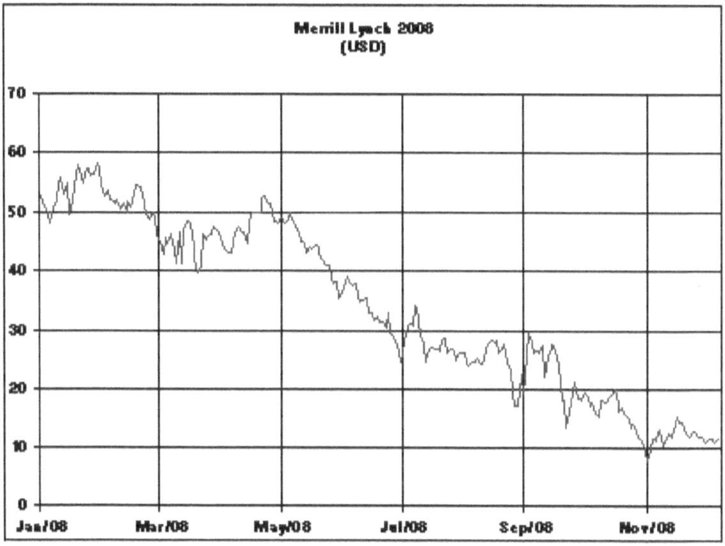

Source : Bloomberg

Les banques centrales baissent leurs taux directeurs et injectent des liquidités pour réanimer le marché du crédit.

21 septembre : les deux dernières banques d'investissements américaines, Goldman Sachs Group Inc. et Morgan Stanley deviennent des banques commerciales sous la tutelle de la Fed.

Fin septembre : les risques de faillites s'étendent à l'Europe. Les banques Fortis, Dexia, l'Hypo Real Estate sont touchées parmi tant d'autres.

Octobre : la Réserve fédérale américaine accepte de recevoir des banques des titres risqués en échange de liquidités ! Un plan de sauvetage américain de 700 milliards de dollars (TARP) est mis en place.

Les Bourses continuent de s'effondrer : de la faillite d'un État comme l'Islande à la dévaluation du rouble, des emprunts octroyés par l'IMF au Pakistan à la chute de plus de 50 % des places boursières…

Le Royaume-Uni annonce un plan de sauvetage des banques à hauteur de 250 milliards de livres (+100 milliards en janvier 2009).

Chaque semaine, de nouvelles séances noires sont enregistrées sur les places boursières.

Le G7 s'engage à empêcher toute faillite de banque importante.

Les grands pays de l'UE présentent des plans nationaux de sauvetage… des banques[119]… 1 700 milliards d'euros pour recapitaliser les banques ou garantir leur financement.

Malgré tout, les établissements hésitent encore à consentir des crédits : les banques centrales prennent le relais prêtant à des échéances plus longues (jusqu'à six mois au lieu de trois) et acceptent en garantie des actifs non liquides et mal évalués : les banques centrales se retrouvent avec des actifs de plus en plus dégradés, « le capitalisme fonctionne comme à son habitude : une privatisation des gains et une socialisation des pertes[120] ».

Les États de certains pays planifient de garantir tous les prêts que les banques se font entre elles (RU), d'autres (France) prévoient la création d'une caisse de refinancement qui empruntera sur les marchés (avec la garantie de l'État) pour prêter aux banques pour des durées longues (d'un an à cinq ans) tout en prenant en gage une gamme plus large de crédits.

---

[119] Oubliant toutes les entreprises en cours de faillites.

[120] Michel Aglietta, économiste au CEPII, 15/09/2008, L'express.fr

D'autres pays comme les États-Unis rachètent les effets commerciaux des entreprises pour leurs opérations quotidiennes afin de combler leurs besoins en fonds de roulement. Des plans fiscaux pour relancer les économies sont en cours d'études…

Toutes ces mesures n'empêchent pas les valeurs boursières de chuter davantage et la liquidité de rester gelée. La capitalisation boursière mondiale est réduite de 50 % en 2008 : d'USD 60 trillions à USD 30 trillions.

Graphe 20
Capitalisation mondiale

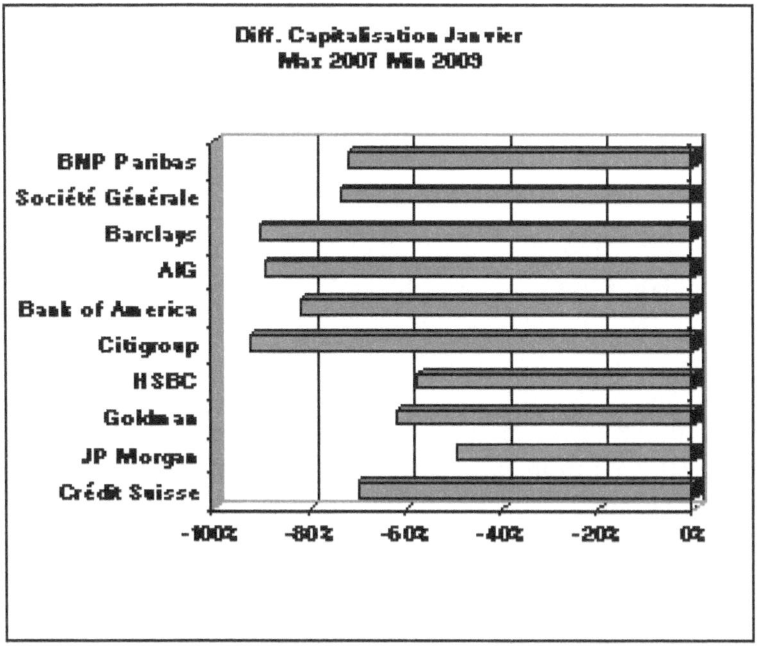

Source : Bloomberg

Les sociétés financières ont déjà perdu plus de USD 1 trillion sur le marché du crédit depuis 2007 suite à l'éclatement de la bulle des subprimes (tableau 20).

Tableau 20
Pertes financières

Région	Cumul juin 2007- janvier 2009 **Pertes financières USD MDS**
Mondiale	**1058,7**
Amériques	730,3
Europe	297,3
Asie	31,1

Source : Bloomberg

La Bourse devient un véritable jeu dominé par le court terme, « distorsionné » par le poids des intervenants, la spécificité des programmes d'ordinateur et les appels de marges.

Rappelons ici que deux grands mouvements de fond influent sur l'évolution d'ensemble des cours boursiers : celui de très court terme, au jour le jour, dont l'évolution est dominée par les données du jour, et celui de moyen terme qui est influencé par les changements des tendances à prévoir. Selon que le degré de nervosité et d'inquiétude des participants au marché est élevé, le mouvement de très court terme prédomine. Il en résulte une forte volatilité des cours boursiers, amplifiée par les décisions des investisseurs institutionnels. Tel qu'observé durant les diverses crises : un nouveau pic de volatilité est enregistré puis le retour à la moyenne haute historique et une phase de consolidation pendant toute la durée d'incertitude avec des pics journaliers (graphe 20). Ceci s'explique par une confirmation de la tendance baissière des cours à moyen terme.

Graphe 21
La marge de fluctuation de la volatilité du S&P500

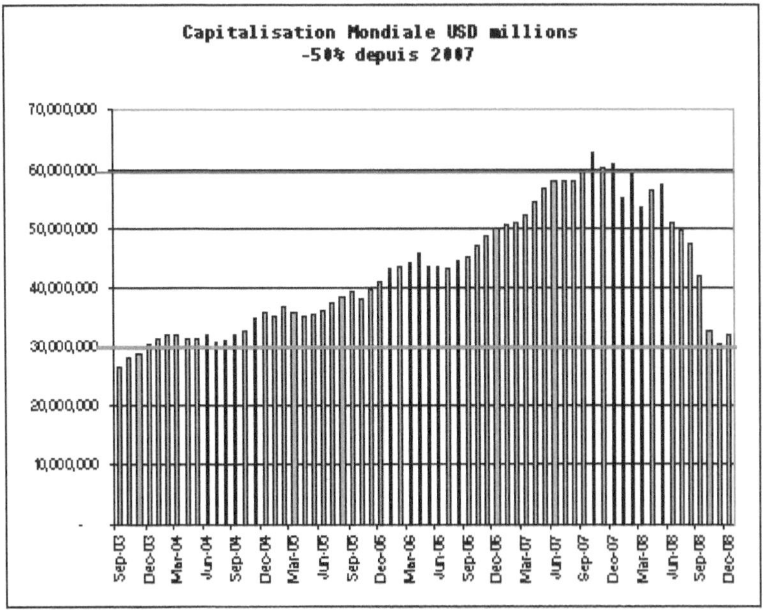

Source : Bloomberg

Les entreprises en énormes besoins en fonds de roulement (ex. General Motors) sont au bord de la faillite, les particuliers sont de plus en plus inaptes à rembourser leurs prêts (ex. : les défauts de paiement des cartes de crédit en Espagne frôlent les 12 % fin 2008).

La carence et coûts énormes des crédits (alors que les taux directeurs sont aux plus bas niveaux historiques : 0,18 % Taux Fed Fund effectif le 15 janvier 2009, cf. chap. 7) conduisent les banques à chercher encore plus le refinancement auprès des gouvernements… gonflant de plus en plus la dette publique !

Graphe 21

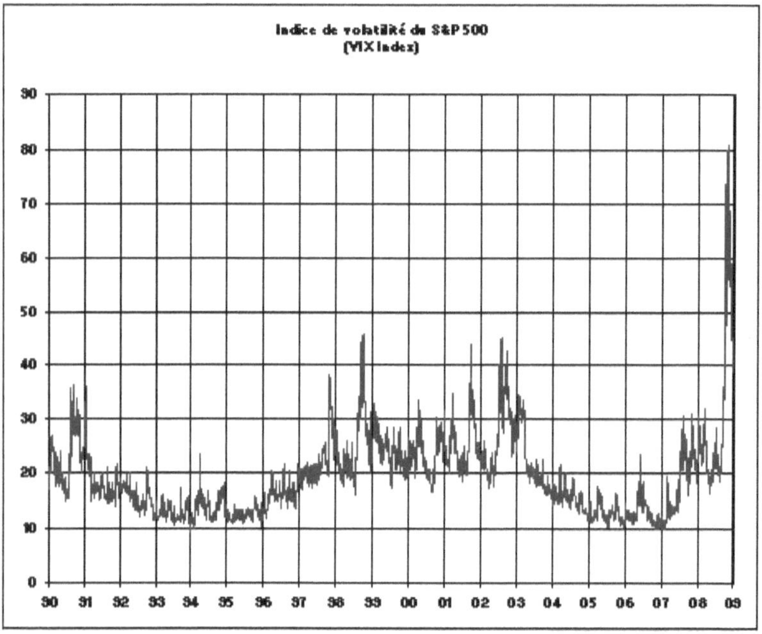

Janvier 2009 : l'exposant Hurst du S&P500 est de 0,6 et indique qu'actuellement une intégration des informations est immédiate dans les cours (graphe 22).

Nous sommes dans une phase baissière : les données économiques sont importantes et prises immédiatement en considération. Le système tend vers son attracteur économique. Tant que les indicateurs économiques restent pessimistes et incertains, le marché demeurera dans une consolidation baissière : de graves rechutes pourront être enregistrées… tout comme des rebonds, mais à l'intérieur d'une marge technique de consolidation.

Notons ici qu'une stratégie de « trading » à l'intérieur du canal baissier est très profitable puisque les rebonds suite à plusieurs journées de baisse sont souvent larges et vice versa.

Graphe 22
Indice S&P et l'exposant Hurst

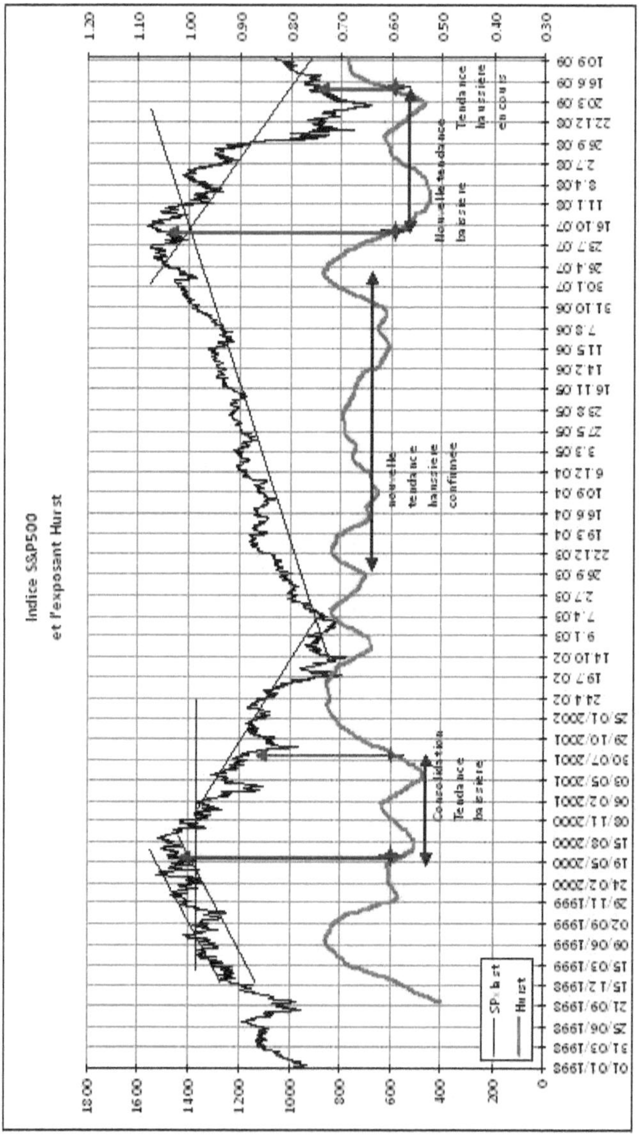

Incertitudes, chaos, les questions qui se posent sur les possibles scénarios économiques sont : sommes-nous en récession ou en dépression ? Sortirons-nous avec des économies semblables au Japon ou aux pays nordiques des années 1990 ou pires[121]?

Au début de l'année 2009, on aurait juré que l'industrie hedge fund tout comme l'industrie bancaire auraient beaucoup à faire pour regagner la confiance des investisseurs, étant donné les grosses pertes de la grande majorité des fonds, les fraudes (ex. : le schéma Ponzi du grand gérant de fonds alternatifs « Madoff ») et les restrictions imposées pour empêcher les retraits des investisseurs en 2008…

…depuis **mars 2009**, les indices S&P500 et EUROSTOXX600, par exemple, sont en hausse de 51 % et 48 %. Et cela, parce que quelques signes de décélération de la chute des économies sont notés, telles la reprise de la confiance des consommateurs, la stabilité des prix de l'immobilier… Mais nous sommes encore dans la zone rouge et la croissance économique mondiale est prévue aux alentours de 3 % pour 2010[122]! Qu'importe, les marchés reprennent de plus belle. Comment expliquer ou plutôt justifier cette euphorie boursière ? Quelles sont les perspectives des mois à venir ? Comment établir des prévisions quand de nouvelles règles et lois exogènes ou endogènes au système peuvent avoir lieu à tout moment ? Certains gouvernements ont même été jusqu'à interdire la vente short de certaines classes d'actions pour

[121] En 1990, la Suède nationalise quelques banques et crée une « mauvaise banque » qui achète les actifs toxiques après escompte, laissant les institutions financières gérer leurs actifs plus liquides.
[122] IMF sommet Istanbul, octobre 2009.

limiter la spéculation sur ces dernières (en particulier les bancaires) et cela a surtout porté préjudice aux fonds qui avaient mis en place des stratégies de couverture !

Mars 2009 : les signes indiquant qu'une dépression a été évitée justifient la relance des marchés mais pas l'euphorie financière.

Depuis mars, on assiste à une nouvelle tendance haussière confirmée par un Hurst qui casse la barrière de 0,6 en avril 2009.

Mais le cycle financier euphorique n'est pas soutenu par son attracteur qui n'est autre que le cycle économique ! Les injections de liquidités par les gouvernements s'élèvent à USD1615.8 MDS en septembre 2009. Le taux du chômage aux États-Unis comme en Union européenne est de 9,5 % avec un taux de 18,5 % en Espagne ! Dans un environnement déflationniste et un USD LIBOR proche de 0 %, il faudrait absolument que de nouvelles données viennent valider la tendance haussière au risque de se retrouver face à une nouvelle crise des marchés.

Certes, les énormes injections de liquidités ont permis d'éviter une dépression économique mondiale, mais la relance économique s'effectue très lentement et sans vigueur. Avant un retour à la normale des chiffres de l'emploi, l'économie mondiale restera stagnante et les gouvernements demeureront sous la menace d'émeutes sociales. En chiffres, à septembre 2009 : le PNB des États-Unis était de -3,90 %, celui de l'Union européenne de -4,70 %, par contre la Chine et l'Inde ont enregistré une croissance annuelle de 7,90 % et 6,10 % respectivement.

D'après M. El. Erian, gérant d'un des plus grands fonds obligataire PIMCO[123], «...le taux de chômage est un signal

---

[123] 2/10/09 Bloomberg.

de pressions futures sur la consommation, l'immobilier et la stabilité sociale...» Le gouverneur de la Fed, Ben S. Bernanke, annonce le 2 octobre 2009[124] : « La croissance économique ne sera pas assez forte pour réduire le chômage, qui restera au-dessus de 9 % jusqu'à fin 2010. »

Une chose est certaine : les gouvernements font face à d'énormes déficits budgétaires et avec des niveaux de taux d'intérêt aussi bas, ils ne disposent plus de moyens tangibles pour venir au secours des marchés.

Différent consommateur, nouvel investisseur, nouveau paradigme économique

Cela dit, une question se pose, à savoir : devrions-nous repenser certaines relations économiques ? Les données ont changé mais aucune nouvelle formulation n'a été faite. Le consommateur d'aujourd'hui est bien différent de celui des années 1970.

On consomme tous à crédit que ce soit pour l'achat d'ustensiles de cuisine, d'une voiture ou pour financer les études universitaires des générations futures. Dans le même temps, on investit en utilisant au maximum la limite du levier financier autorisé ! De nos jours, on s'acharne pour obtenir des lignes de crédit alors qu'avant on se vantait d'avoir assez économisé pour se permettre d'acheter un bien.

Nouveau consommateur, il va de soi alors que l'investisseur a changé, il ne peut être qu'encore plus avide de gains rapides pour pouvoir consommer encore plus.

Un changement dans les formulations économétriques est donc impératif, il faut réécrire certaines relations... sinon la lecture des indicateurs restera erronée.

[124] 2/10/09 Bloomberg.

Entre-temps, il faut tenir compte de ces lacunes et établir ses propres analyses.

Actuellement, le principal indicateur est la reprise de la **liquidité et sa bonne canalisation à tous les secteurs clés économiques**. Ceci devrait être suivi par une **reprise soutenue de l'emploi** pour valider le bon fonctionnement de la roue économique. La stabilité des prix des matières premières et du pétrole devrait aider ainsi que :

- **De nouvelles réglementations et la transparence des marchés :** de nouvelles réglementations sont nécessaires pour permettre un retour durable et fort de la confiance. Mais, les États pourront-ils réellement contrôler les activités financières vu les difficultés d'évaluation et de comptabilisation des produits dérivés ou des actifs non liquides ?

  La transparence dans l'évaluation des actifs est difficile à contrôler, que l'évaluation émane des agences de notation ou des cellules de recherches des banques : les premières vivent des frais facturés aux entreprises évaluées et les dernières sont conditionnées par la politique globale de leurs banques (ex. : en 2008, pour pallier aux pertes sur les crédits hypothécaires, les analyses sur les matières premières ont été renflouées ! et par conséquent les valeurs des banques)…

  De nouvelles réglementations pourraient s'inscrire dans le cadre du **contrôle efficace des réserves bancaires et des fonds** qui devront désormais être des marges flexibles selon les circonstances économiques et financières (telle l'augmentation des réserves en cas de réchauffement économique et vice versa).

Repenser les conditions de **classification des fonds alternatifs** pour aboutir à une reclassification des fonds qui ne répondent pas aux critères : en réalité, la majorité des fonds dits alternatifs se cache sous ce statut pour échapper aux lois et régulations qui régissent le fonctionnement des fonds mutuels : en fait leur principal objectif est de générer des profits en appliquant des stratégies à effet de levier afin d'augmenter leurs revenus (x % des profits = la part des charges sur performances). Un meilleur contrôle éviterait de porter préjudice aux bonnes stratégies de gestion comme le montre le tableau ci-dessus : certaines stratégies sont performantes quel que soit le cycle des marchés.

Tableau 23
Performance des fonds alternatifs par stratégie

Hedge funds par stratégie	**2008**	**2007**
HFN CTA/Managed Futures Average	11 %	12 %
HFN Other Arbitrage Average	9 %	10 %
HFN Statistical Arbitrage Average	4 %	10 %
HFN Macro Average	-2 %	12 %
HFN Aggressive Aggregate Average	-3 %	12 %
HFN Market Neutral Equity Average	-3 %	6 %
HFN Finance Sector Average	-10 %	-6 %
HFN Hedge Fund Aggregate Average	-16 %	11 %
HFN Multi-Strategy Average	-16 %	9 %
HFN Long/Short Equity Average	-20 %	11 %
HFN Long Only Average	-41 %	10 %
MXWO Index	-41 %	
SPX Index	-37 %	
Total Industrie HF	**$1.2 MDS**	**$1.8 MDS**

Source : HFN 27/01/2009 et Bloomberg
La majorité des fonds ayant déclaré leurs chiffres.

- **Contrôle des agences de notation** :
  Elles ne peuvent sûrement pas prétendre pouvoir annoter des fonds alternatifs ! Ou même tout autre type de fonds. Quant à toute autre notation, tout est à refaire ! (il est incroyable que Lehman au bord de la faillite n'ait été dégradé qu'après l'annonce de sa mise en faillite !).

- L'enjeu entre des **exonérations et des surcharges fiscales** :
  Les exonérations seraient efficaces pour relancer la consommation et l'investissement si elles sont attribuées distinctement à certains secteurs clés sinon elles ne serviraient qu'à augmenter la dette publique à court terme.

- **Une « guerre »** dans un coin de la terre :
  Pour divertir la foule et créer de nouvelles priorités ? Une guerre facilitera sûrement une relance économique, en commençant par la vente des stocks d'armes produits jusqu'à l'embauche d'effectifs pour aider l'économie de guerre… et les dettes publiques seront quand même justifiées dans certains pays (factures de la guerre) ou même réduites dans d'autres, surtout exportateurs d'armes et de savoir-faire en matière de guerre ! Bref ceci serait s'engouffrer dans des théories de conspiration à n'en plus finir…

- **La promotion d'investissements socialement responsables est nécessaire**… pourquoi ne pas aussi considérer une **nouvelle méthode de calcul du PNB**, qui estimerait le facteur du bien-être de la société, telle qu'avancée par le fameux économiste Joseph

Stiglitz et soutenue par le président français Sarkozy en septembre 2009 ?

Face à de tels phénomènes la tâche du gérant est difficile. La réaction du marché à une information même prévue et escomptée devient aléatoire : ***la gestion de portefeuille devient celle de la gestion du risque et du hedging (couverture).***

Pour se prémunir contre les risques de « perte de confiance » inévitables et récurrents sur les marchés et qui sont à l'origine des « sauts déstabilisants » ; il est fondamental :

- *de constituer des « comptes de réserves » (à niveau variable selon le cycle) ;*
- *de prévoir des niveaux de couverture ;*
- *d'établir et d'ajuster des scénarios de stress test ;*
- *d'établir un ratio optimal modulable, et non maximal, des opérations en marge de levier.*

8.2 - La gestion structurée : la gestion de portefeuille soit la gestion du risque

Le système financier est régi par des lois déterministes et imprévisibles, grâce auxquelles des opportunités peuvent être créées.

Le déterminisme permet l'identification d'opportunité, par la majorité des investisseurs tant qu'on est dans la période $t < T$, et ce, en appliquant de façon appropriée les méthodes simples de gestion (directionnelle).

Quant à l'imprévisibilité, elle assure la survie des marchés et permet aux investisseurs professionnels et avertis d'identifier des opportunités. La théorie du « Noisy chaos » permet de comprendre le système financier dans sa complexité, afin d'évaluer le degré d'incertitude qui prévaut à n'importe quelle phase du marché. La complexité et les risques varient d'une phase à l'autre, l'investisseur averti doit pouvoir les analyser, avant de décider s'il peut les assumer : il faut danser au rythme de la musique !

La solution aux problèmes de gestion sur les marchés financiers (sans prétendre pouvoir donner une formule magique) est de posséder une très bonne connaissance des bifurcations des marchés, de ses effets papillon et de ses intransitivités. L'identification des cycles macroéconomiques et l'interprétation des meilleures séquences de l'information microéconomique constituent en outre des outils importants.

Approche de gestion dynamique

Ce principe consiste d'abord à chercher à prévoir l'évolution du marché boursier dans son ensemble, puis de façon sectorielle, pour finir au niveau microéconomique, et sélectionner les titres et les stratégies qui seraient performants dans ce contexte. L'objectif est de dégager de façon régulière une surperformance (alpha) par rapport au marché en sélectionnant les stratégies de gestion les mieux adaptées au cycle identifié.

Il faut changer l'optique de gestion : l'objectif est de bénéficier des phases de tendance d'un marché et de limiter l'impact des retournements en entrant et en sortant dudit marché aux moments adéquats.

Le schéma ci-dessous reprend brièvement les notions précitées dans les chapitres précédents et résume la stratégie générale à suivre.

Schéma 10
La gestion dynamique : solutions aux marchés chaotiques…
la gestion des risques

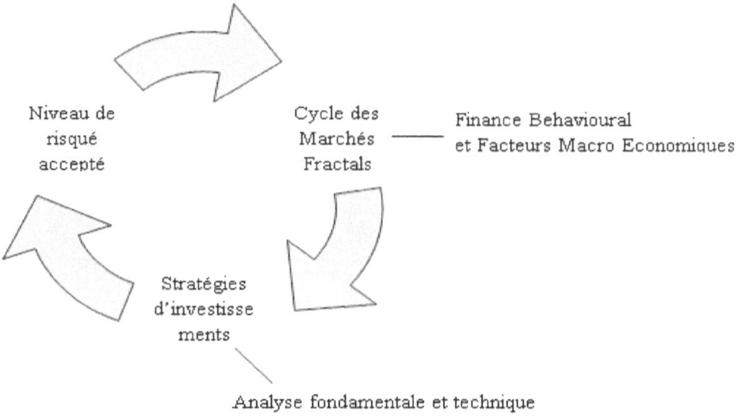

I - Analyse cyclique et psychologique au niveau macro

Identification des cycles des marchés financiers et économiques : estimation du coefficient Hurst (H) de chaque marché d'actifs pour avoir une vision macro.

➔ **Stratégie directionnelle du marché** : choix des actifs, des régions, des secteurs et de la direction de la position, longue (haussière) ou « short » (baissière).

➔ **Stratégie suivant la vitesse du marché** : choix de la stratégie.

En somme, c'est l'identification du meilleur moment selon la phase du marché pour établir une stratégie option adaptée à la conjoncture (achat/vente de volatilité) et utiliser ou pas le levier financier (sur options ou futures).

II - Analyse fondamentale technique au niveau micro

Choix des instruments, des titres...

1 - Estimation de la VFT de l'actif à détenir

Le principe est le suivant : face au problème de prévision, il vaut mieux renoncer à établir des prévisions à long terme, mais plutôt à court et moyen terme quant à la croissance d'une société, afin d'essayer d'approcher sa valeur fondamentale. La VFT varie selon :

- le taux d'actualisation choisi, les méthodes d'évaluation utilisées et le taux de croissance des bénéfices prévus ;
- l'écart O/D estimé selon l'analyse cyclique et psychologique au niveau micro et l'analyse technique.

2 - Évaluation du biais

Le choix du titre s'effectue selon les « ratios relatifs », sectoriels et ou historiques. Cette sélection peut se faire selon les deux méthodes suivantes :

- « **stock screening des écarts** » : les critères recherchés sont introduits dans le système et grâce à un processus de filtrage, on procède à la sélection ;
- **pyramide d'investissement** : l'objectif est de sélectionner les sociétés qui présentent un écart suffisamment positif entre la VFT et le cours en Bourse.

Il faut surtout faire preuve d'un bon jugement. Un jugement qui est souvent mis à l'épreuve face à l'instabilité des marchés financiers.

III- Estimation et mesures de prévention du risque

1 - Identification, analyse et suivi du risque

Identification, analyse et estimation de la sensibilité du portefeuille aux facteurs de risque. Il faut tenir compte des probabilités les plus faibles afin d'estimer le risque dans son sens large.

2 - Système de prévention : timing et gestion de risque des stratégies.

Il s'agit surtout de faire une allocation optimale individualisée suivant nos contraintes et nos objectifs.

En somme, il s'agit de :

- Définir la politique d'investissement et d'optimiser le timing de l'investissement.
- Définir les limites de risque au niveau des limites de gestion[125] :
  - . limite des opérations : liquidation de position,
  - . limites de la stratégie, à travers des méthodes de couverture ou d'arbitrage,
  - . limites dans l'allocation au sens large (instruments, stratégies, sectorielle, des actifs...) : il s'agit essentiellement de contrôler le ratio de spéculation Y/S et ses composants. Et cela, grâce à un système qui permettra de vérifier et de valider le choix des titres inclus dans la caté-

---

[125] Les critères sont fixés selon nos contraintes et objectifs de placements. Par exemple, Stop loss à -25 %, exit à +30 %, couverture régulière à 50 %, marge de spéculation fixée à 25 % et levier financier limité à 1,5.

gorie des instruments non spéculatifs, soit (Y-S).

Actualiser ses prévisions et ajuster ses positions au fur et à mesure que le cycle se déroule.

Le problème c'est de savoir actualiser ses prévisions et ajuster ses positions au bon moment. Il ne faut pas accentuer le risque de réagir suite à un bruit ou de faux signaux, en actualisant les prévisions très rapidement. À l'inverse, les actualiser à des intervalles trop longs, c'est courir le risque de les faire trop tard. Il n'y a là aucune règle, il faut savoir faire preuve d'une grande dynamique ou être passif quand il le faut.

En somme la gestion du risque peut se faire des diverses façons suivantes.

➔ **Stratégie de couverture du risque du portefeuille à différents degrés** (garantie du capital à x %) : ceci peut être réalisé si on rend la somme des sensibilités du portefeuille proche de zéro. Plusieurs techniques consistent à annuler une ou quelques-unes des sensibilités, comme les stratégies en delta neutre ou Véga neutre.

En fait, la hausse de la volatilité a rendu les techniques et outils de simulation (ex. : Var) basés sur les probabilités de fluctuations historiques inutiles à un certain moment. Ce phénomène rend compte de l'importance fondamentale du recours aux techniques de gestion du risque telle la couverture d'un portefeuille actions par l'achat de puts (stratégie « delta neutre »). Mais ces techniques reposent sur le fait que l'évolution des prix est continue, elles ne protègent donc pas le portefeuille en cas de sauts déstabilisants (effet Noé) qui, dans bien des cas, entraînent des problèmes de liquidités, tels qu'observés pendant les krachs. Il est alors préférable d'établir une stratégie en delta « neutre légèrement (NL) positif » ou négatif dans le sens opposé de la forme de la courbe de distribution des prix. Soit si la courbe est unimodale tirée vers la droite (gauche), donc l'évolution des cours a été positive (négative) dernièrement et cela depuis un bon moment, il vaut mieux constituer une stratégie « delta NL négative (positive) ».

➔ **Stratégies options à risque limité** (achat d'options, stratégies options : bull ou bear spread, etc.).

➔ **Diversification optimale (H) et stratégie indicielle :** le risque spécifique d'un titre ne peut être réduit, d'où le recours à la technique de la diversification[126] qui consiste à constituer un portefeuille où la somme des risques spécifiques se trouve réduite si on parvient à rapprocher la corrélation du portefeuille de zéro. À ce niveau, il faut surtout éviter de commettre l'erreur de la surestimation des avantages de la diversification en nous basant uniquement sur le coefficient bêta et l'historique des corrélations !

En fait, il faut ajouter à l'analyse du portefeuille en bêta l'analyse en H qui permet de juger si le bruit dans le système étudié a été réduit afin de valider la diversification.

Diversifier les actifs seulement s'est avéré une stratégie non valable en cas de crise (puisque les corrèles des actifs convergent toutes vers 1) ; la diversification doit se faire au niveau des stratégies et non seulement au niveau des actifs. (cf. exemple 2008, stratégie directionnelle du chapitre 7).

---

[126] Surtout quand il ne s'agit pas d'un secteur en phase de maturité, donc si on ne dispose pas d'outils d'évaluation standards et fiables, comme c'est le cas des sociétés d'Internet et de télécommunications.

→ **Rééquilibrage du portefeuille** : il s'agit à ce stade plutôt d'un contrôle de gestion continu. Le but est de contrôler la bonne adaptation des ratios du portefeuille aux conditions des marchés et de s'assurer ainsi du bon timing des stratégies.

Cette approche de gestion repose largement sur le jugement et l'expérience de celui qui la met en œuvre : son jugement, car il lui faut choisir la méthode ou le plan de gestion le plus approprié à chaque situation, son expérience, car, plus il disposera d'une réserve d'exemples, plus il saura apprécier le caractère unique du marché qu'il étudie afin de :

- développer avant les autres les bonnes anticipations pour prendre plus tôt des positions sur le marché ;
- corriger avant les autres une perception erronée de la situation de départ.

L'essentiel est d'étudier le marché pour saisir ses opportunités.

Conclusion

L'étude de l'évolution des cours financiers doit se baser sur la relation dynamique qui existe entre la tendance sous-jacente (les fondamentaux qui traduisent la réalité économique et financière du marché) et le biais persistant induit par les agents financiers.

C'est en identifiant une nature fractale dans les séries financières qu'a été compris un certain ordre dans la complexité du système financier régi par le processus : Noisy Chaos.

On peut dorénavant se servir de l'instabilité des marchés financiers comme d'un instrument de gestion.

Il existe des opportunités sur les marchés dont on peut tirer profit si l'on parvient à identifier la nature fractale du système financier et le processus chaotique qui le génère.

Dans ce processus, le déterminisme local ou partiel s'introduit par l'identification d'effets mémoire à court et à moyen terme. Quant à l'imprévisibilité, elle s'introduit par la reconnaissance de la sensibilité du système aux conditions initiales et par l'identification d'un processus d'entropie qui évolue en parallèle avec le processus L-stable.

Dans la pratique, on peut ainsi trouver des opportunités dans un modèle complexe, avec comme outils : l'analyse cyclique et psychologique, l'analyse fondamentale technique et l'appréciation quantitative d'estimation des risques.

Ces outils permettent en fait d'évaluer le biais qui prévaut sur les marchés, afin d'établir un bon jugement de l'état dans lequel le système se trouve et de l'état vers lequel il se dirige.

Ainsi, si le propre des marchés financiers est d'anticiper les désajustements économiques, il est fondamental d'identifier les caractéristiques du cycle économique en question et d'analyser ses spécificités. Pour être conscient des irrégularités de l'environnement et anticiper son évolution : c'est l'analyse cyclique économique et financière.

Une méthode unique permet d'évaluer la valeur d'un titre, non seulement par rapport à ses propres prévisions mais aussi par rapport à celles du marché. Le but est de calculer la « valeur réelle » tout en éliminant les distorsions et les entraves à son calcul pour qu'elle anticipe plus tôt le prix boursier : c'est l'évaluation de la « valeur fondamentale-technique ».

De même, l'identification des facteurs de risques, caractéristiques de chaque marché et de chaque instrument financier, et l'évaluation de la sensibilité du portefeuille à ces mêmes facteurs de risques sont des outils fondamentaux à toute analyse voulant se prémunir, dans la mesure du possible, des renversements soudains de tendance.

Cependant, toute gestion de portefeuille reste sujette à des risques et à la possibilité d'une erreur d'évaluation (soit au niveau de l'identification des spécificités du cycle économique et financier en question, soit au niveau du calcul de la valeur d'un titre ou au niveau de la sensibilité du portefeuille aux facteurs de risques). Pour être performant, il faut donc mettre en œuvre une approche dans les configurations de marché, où elle sera pertinente. Il faut aussi comprendre la nécessité de prendre uniquement les risques qui peuvent concrètement être supportés. Enfin, il faut surtout apprendre à se maîtriser face aux imprévisibilités.

L'expérience nous apprendra sans doute comment atténuer les risques des marchés et comment gérer un portefeuille efficacement dans un environnement aussi complexe.

La décision stratégique d'investissement doit non seulement être prise sur la base des meilleures informations disponibles, mais également en tenant compte dans les systèmes de calculs et lors de l'établissement des stratégies de gestion de la possibilité d'erreur.

Les modèles complexes de gestion des investissements et des risques peuvent sans doute être améliorés ; **l'énigme des marchés financiers est loin d'être résolue, c'est sans doute la clé de son existence… de sa survie !**

Bibliographie

Alexandre H., *L'Individu face au marché : investisseurs, spéculateurs et crises boursières*, EMS, 2000.

Arnold B. C., *Pareto Distributions*, Fairland, MD : International Cooperative, 1983.

Artus P., *Anomalies sur les marchés financiers*, Economica, 1995.

Bittman James B., *Trading Index Options*, McGraw Hill, 1998.

Bourbonais R. & Terraza M., *Analyse des séries temporelles en économie*, Economica, 1998.

Broadbent D. E., « Information processing in the Nervous System », *Science* n° 150, 1965, p. 457-462.

Bruner J. S., « Le processus de préparation à la perception », extrait de J. Bruner, F. Bresson, A. Marf et J. Piage, *Logique et Perception*, PUF, 1958, p. 1-48.

Colby R. & Meyers T., *The Encyclopedia of Technical Market Indicat*ors, Irwin USA, 1998.

Dacunha-Castelle D., *Chemins de l'aléatoire*, Flammarion, 1996.

Ekeland I., *Le Chaos*, Dominos, 1995.

Evensky H. R., *Wealth Management : the Financial Advisor's Guide to Investing and Managing Client Assets*, IAFP McGraw-Hill, USA, 1997.

Frumkin N., *Guide to Economic Indicators*, Sharpe, USA, 1994.

Giard V., *Statistiques appliquées à la gestion*, Economica (7e éd.), 1995.

Gibson J. J., *The Theory of Affordances in Shaw R et Bransford J. Ed. Perceiving, Acting and Knowing*, John Wiley & Sons, 1977, p. 67-82.

Gillet P., *L'Efficience des marchés financiers*, Economica, 1999.

Haber R. N., *Information Processing Approaches to Visual Perception*, New York Hoet, Rinehart and Winston, 1969.

Haken H., « Cooperative Phenomena in Systems Far from Thermal Equilibrium and in Non Physical Systems », *Reviews of Modern Physics* n° 47, 1975.

Helmholtz H., *Von Optique Physiologique*, traduction française, Jacques Gabay, 1989.

Hurst H. E., « Long-term Storage of Reservoirs », *Transactions of the American Society of Civil Engineers* n° 116, 1951.

Kahneman D. et Trevsky A., « Judgment Under Uncertainty : Heuristics and Biases », *Science* n° 185, 1974.

Kahneman D. et Trevsky A., « On the Psychology of Prediction », *Psychological Review* n° 80, 1973.

Kahneman D. et Trevsky A., « Subjective Probability : A Judgment of Representativeness », *Cognitive Psychology* n° 3, 1972.

Keynes J. M., *The General Theory of Employment, Interest and Money*, Harcourt, 1936.

Koffka K., *Principles of Gestalt Psychology*, Harcourt, 1935.

Kohler W., *Psychologie de la Forme*, Gallimard, 1964.

Kolb R. W., *Futures, Options, and Swaps*, Blackwell Business, 1997.

Levin R., *The Wealth Management Index : The Financial Advisor's System for Assessing and Managing Your Client's Plans and Goals*, Irwin Publication, 1997.

Lorenz E., « Deterministic nonperiodic Flow », *Journal of Atmospheric Sciences* n° 20, 1963.

Mandelbrot B., *Fractales, Hasard et Finance*, Flammarion, 1997.

Mason R. D., *Statistical Techniques in Business & Economics*, McGraw Hill, 1996.

Bernard P., Joulia V., Tardits J., *Mesures et contrôle des risques de marché*, Economica, 1996.

Natenberg S., *Option Volatiliy & Pricing ; Advanced Trading Strategies & Techniques*, Mc Graw-Hill, 1994.

Neisser U., *Cognitive Psychology*, Appleton-Century, 1967.

Peters E. E., *Chaos and Order in the Capital Markets*, John Wiley & Sons, 1996.

Peters E. E., « A Chaotic Attractor for the S&P 500 », *Financial Analysts Journal*, March/April 1991.

Peters E. E., « Fractal Structure in the Capital Markets », *Financial Analysts Journal*, July/August 1989.

Peters E. E., « R/S Analysis Using Logarithmic Returns : A Technical Note », *Financial Analysts Journal*, November/December 1992.

Peters E. E., *Fractal Market Analysis*, John Wiley & Sons, 1994.

Piaget J., *Les Mécanismes perceptifs*, PUF, 1975.

Postman L., Bruner J. S., Mc Ginnies E., « Personal Values as Selective Factors in Perception », *Journal of Abnormal and Social Psychology,* 1948, p. 43, 142, 154.

Reilly F. K., Brown K. C., *Investment Analysis and Portfolio Management*, Dryden Press, 1997.

Roth H., *LEAPS*, McGraw-Hill, 1994.

Sauvage G., *Les Marchés financiers ; entre hasard et raison : le facteur humain*, Seuil, 1999.

Schultz H. D., *Bear market investment strategies*, Dow Jones-Irwin, USA, 1981.

Smith C. D., *Option Strategies : Profit-Making Techniques for Stocks, Stock-Index and Commodity Options*, Wiley Finance, USA, 1996.

Smithson C. W. & Smith C. W. Jr., *Managing Financial Risk : A Guide to Derivative Products, Financial Engeneering, and Value Maximization,* Irwin Publication, 1995.

Soros G., *The Alchemy of Finance : Reading the Mind of the Market*, John Wiley & Sons, 1994.

Spiesser P., *Information économique et marchés financiers*, Economica, 2000.

Tainer E. M., *Using Economic Indicators to improve Investment Analysis*, John Wiley & Sons, USA, 1998.

Tvede L., *The Psychology of Finance*, John Wiley & Sons, 2000.

Tversky A., *The Psychology of Risk in Quantifying the Market Risk Premium Phenomena for Investment Decision Making*, Charlottesville, VA : Institute of Chartered Financial Analysts, 1990.

Vaga T., « The Coherent Market Hypothesis », *Financial Analysts Journal*, December/January 1991.

Viviani J.-L., *Gestion de portefeuille*, Dunod, 1997.

Werner H., Wapner S., Bruell J.-M., « Experiments on Sensory-Tonic Field Theory of Perception », *Journal of Experimental Psychology*, 1953, p. 46, 293-299.

Wertheimer M., *Principles of Perceptual Organization*, D. C. Beardslee Van Nostrand, 1923.

Zadeh L., « Fuzzy Sets », *Information and Control* n° 6, 1965.

Zadeh L. et Kacprzyk J., *Eds. Fuzzy Logic for the Management of Uncertainty*, John Wiley & Sons, 1992.

Cet ouvrage a été réalisé par les éditions
Connaissances et Savoirs
14, rue des Volontaires – 75015 Paris
Tél : 01 53 69 65 33 – Fax : 01 53 69 65 27
contact@connaissances-savoirs.com
www.connaissances-savoirs.com
Imprimé en France
Tous droits réservés pour tous pays.

Dépôt légal : 4e trimestre 2009